독 의 발견

동서고금을 통틀어
가장 흥미로운 독 이야기

독의 발견

동서고금을 통틀어
가장 흥미로운 독 이야기

후나야마 신지 지음
공영태·나성은 옮김

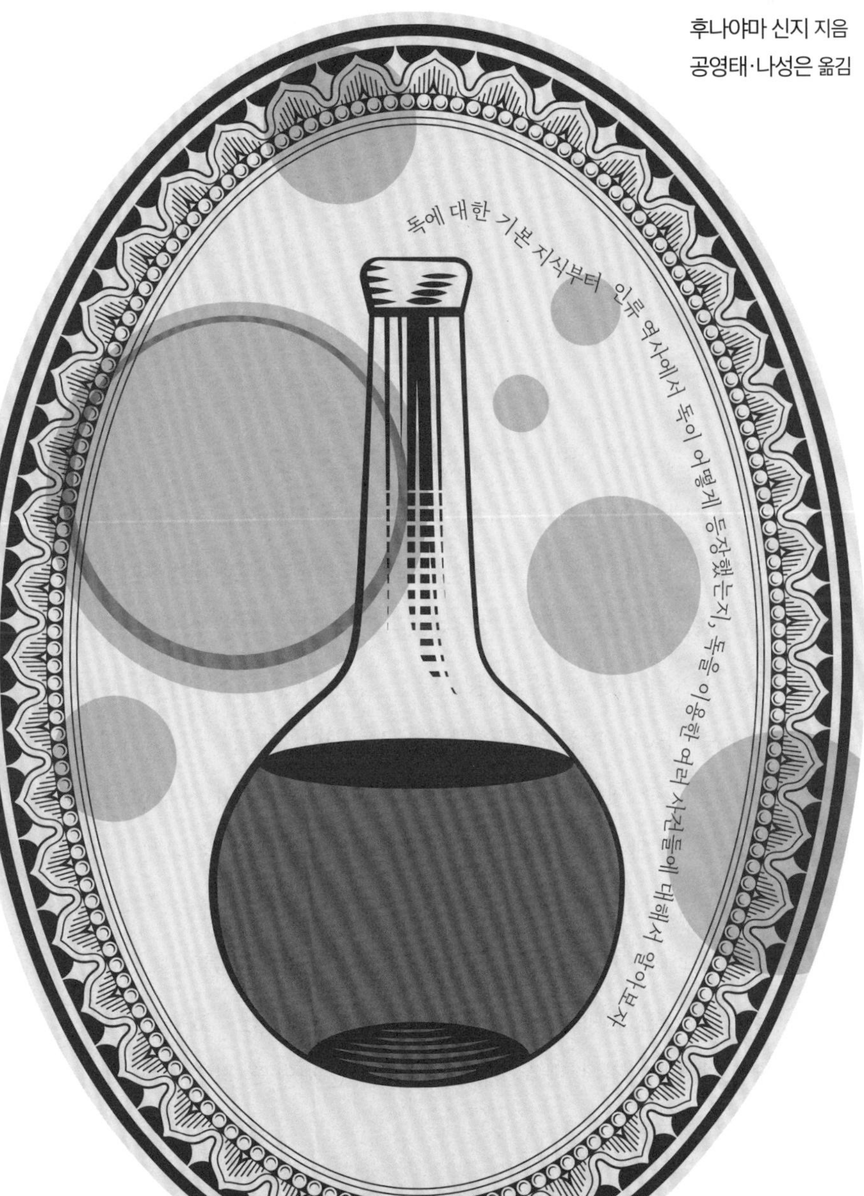

북스힐

들어가며

'독'이라고 하면 여러분은 무엇이 떠오르나요?

복어나 뱀의 독인가요? 피부에 닿았을 때 부어오르는 해파리나 말미잘의 독인가요? 아니면 진한 보라색 꽃을 피우는 바꽃의 맹독인가요? 납이나 수은 같은 광물이 몸 안에 들어가면 무서운 독이 된다는 이야기를 들어 보신 분도 있을 겁니다. 추리소설에 보면 살인 도구로 비소나 청산 칼륨(화학 용어로는 '사이안화 칼륨' 또는 '사이안화 포타슘'이지만, 일상적으로는 '청산가리'라고 한다-역주)이 등장하기도 합니다. 또 집에 있는 살충제나 세제, 제초제를 실수로 잘못 먹으면 매우 위험하고, 기호품인 담배나 술도 지나치면 해롭습니다.

그런데 과연 인간은 어떻게 독에 대해서 알게 되었을까요? 사람은 먹지 않으면 살아갈 수 없습니다. 먹을거리가 풍부했던 숲에서 나와 살게 된 인간은 당장 배고픔이라는 문제와도 직면했을 겁니다. 미지의 자연 산물을 호기심을 앞세워 시험 삼아 먹어본 사람이 있었을 텐데요. 몸에 이상이 생길지, 아무렇지도 않을지의 결과에 상관없이 다양한 것들에 도전한 사람이 분명히 있었을 겁니다.

원시생활을 하던 인간도 병에 걸리면 주변의 식물에서 약초를 찾고, 화살에 독을 발라 수렵에 사용했다는 생활상이 세계 각지에서 보고되고 있습니다. 오늘날 아프리카에 사는 야생 침팬지가 구충제 역할을 하는 잎을 찾아 먹는 모습이 관찰되기도 했습니다. 이러한 사실에서 독과 인간의 만남은 생각보다 빨랐을지도 모릅니다.

이집트에는 파피루스에 상형 문자로 쓰인 고대 의료 기록이 남아 있습니다. 기원전 1550년 무렵에 쓰인 『에버스 파피루스』에는 무려 700종에 이르는 식물과 동물 및 광물의 '생약'이 기재되어 있으며, 이것들을 사용한 약 800가지의 처방이 적혀 있다고 합니다. 그중에는 헴록, 바꽃, 아편, 디기탈리스 등의 독초와 그것을 치료제로 이용하는 방법이 적혀 있습니다.

이처럼 '독'과 '약'은 밀접한 관계가 있습니다. 저는 '약과 독은 근원이 같다'고 말합니다. '독' 하면 우선 무섭다는 이미지가 떠오르겠지만, 생물 활성이 있는 물질은 모두 독성을 갖는다고 말할 수 있습니다. 그래서 사용량과 대상, 대상이 처한 환경, 이용 방법이 중요합니다. 특정 물질이 생체에 어떤 작용을 할 때 '생물 활성이 있다'라는 말을 합니다. 사람들은 어느 물질이 좋은 작용을 하면 '약'이라고 부르며 소중히 하고, 반대로 좋지 않은 작용을 하면 그

한라돌쩌귀의 새싹.

유명한 독초, 바꽃. 미나리아재빗과로 예뻐서 관상용으로 인기가 높다. 종류에 따라서 하얀 꽃이나 노란 꽃을 피우기도 한다. 덩이줄기는 부자나 오두라는 이름으로 한방에서 약으로 이용된다.

한라돌쩌귀의 새싹.

물질을 '독'이라고 부르며 싫어하고 무서워합니다. 똑같은 물질인데도 때에 따라서 약으로 불리기도 하고, 반대로 독으로 불리기도 합니다.

앞에서 말한 바꽃은 독초의 대명사 격이어서 이미 들어본 적이 있는 분도 있을 텐데, 아이누족이 곰을 사냥할 때 사용하던 독화살에도 이용되었습니다. 바꽃의 독 성분은 뿌리뿐만 아니라 잎과 꽃에도 있습니다. 바꽃은 꽃꽂이용으로도 쓰이므로 주의해야 합니다. 한편 한방에서는 바꽃의 덩이줄기를 조제하여 '부자'나 '오두'라고 부르며 사용합니다.

이처럼 독이나 약은 인간의 관점에서 판단하여 그렇게 부를 뿐이지, 그 물질의 책임은 아닙니다. 독은 그 물질을 나타내는 특정한 표시도 아닙니다. 인간이 개입하지 않는 한 독이 되지 않습니다. 마찬가지로 약도 잘못 사용하면 독이 될 수 있다는 사실을 잘 새겨두어야 합니다.

독은 생물로 살아가는 인간과 관련이 있습니다. 그래서 이 책에서는 독과 인간의 삶에 초점을 맞추었습니다.

1장에서는 독을 이해하기 위한 기본적인 지식을 살펴보겠습니다. 2장에서는 '독이란 무엇인가?'에 대해 알아보며 독의 다양한 면모를 살펴보겠습니다. 3장에서는 인간의 역사 안에서 독이 어떻게 등장했는지 되돌아보겠습니다. 4~6장에서는 사람이 여러 가지 독과 접하면서 일어난 사고, 독 때문에 발생한 사건과 범죄에 관해서 이야기해 보겠습니다. 물론 독과 관련한 사고나 범죄에 얽히고 싶은 사람은 아무도 없을 겁니다. 하지만 이러한 사고나 범죄 뒤에는 인간의 깊은 욕망과 심리가 감춰져 있습니다. 마지막 7장에서는 독이 가진 이미지와는 조금 다르지만, 사람에게 해를 끼친다는 점에서는 독과 같은 마약과 각성제, 대마, 그리고 최근 문제가 되는 신종 마약에 관해서 살펴보겠습니다. 모두 '의존성이 높은' 물질로 알려져 있으며 인생을 망가뜨릴 위험성이 있습니다.

독은 신기한 물질입니다. 과거에 사람들은 적은 양으로도 사람을 죽음에 이르게 하는 독의 작용에 신비스러운 마력과 매력을 느꼈던 모양입니다. 근대에 유기 화학이 발달하면서 오늘날에는 독을 과학(화학)의 눈으로 분명하게 볼 수 있습니다. 독자 여러분이 이해하기 쉽도록 독의 화학 구조식도 표시해 두었습니다. 하지만 이러한 화학 구조식이 어려우면 무시해도 괜찮습니다. 문장만으로도 충분히 이해할 수 있을 겁니다.

이 책에서는 주제에 따라서 약의 효능에 관해서도 기술했지만, 어디까지나 학술적인 지식과 견해의 수준입니다. 책에 있는 정보를 그대로 믿고 본인과 다른 사람의 치료에 응용해서는 절대로 안 됩니다. 또 오해의 소지가 없게끔 부탁드리고 싶은 말씀은 제가 생명을 위협하는 독, 그 성질을 절대로 예찬하지 않는다는 사실입니다. 저의 주장은 그 반대입니다. 생명의 소중함과 신비를 독이라는 측면에서 살펴보고자 했으며, 독의 악용을 용인하려는 마음은 결코 없습니다.

이 책에서는 '흰독말풀'이나 '술'을 미치광이(일본어로 きちがいなすび, 気違い水-역주)라는 표현으로 나타냈는데, 별칭과 사실 관계를 나타낸 것으로 인권을 침해할 의도는 전혀 없습니다. 독자 여러분이 잘 헤아려 주시기 바랍니다.

차례

제3장 | 역사의 한 장면을 장식한 독

제4장 | 음식과 독

제5장 | 독으로 인한 사고

제6장 | 독과 관련한 범죄

제7장 | 마약과 관련 물질

제1장

독에 관한 기본 지식

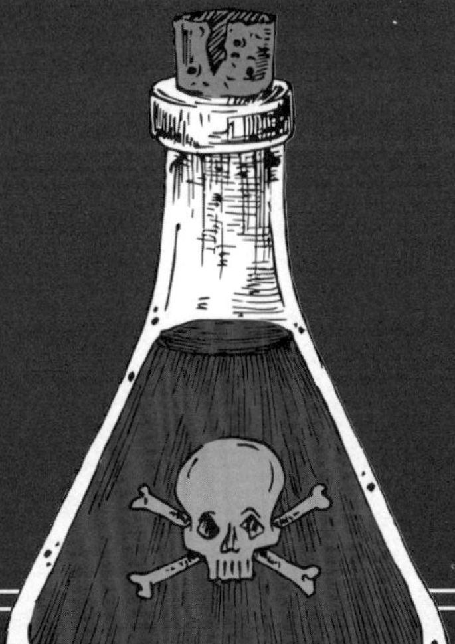

21세기를 눈앞에 둔 1998년, 일본 각지에서 독과 관련된 사건이 자주 발생했습니다. 와카야마 독극물 카레 사건, 니가타 독물 혼입 사건, 독이 든 가짜 다이어트 약 사건, 나가노 독물 사건 등입니다. 교토의 기요미즈데라清水寺에서는 매년 12월에 한 해를 상징하는 '올해의 한자'를 발표하는데, 1998년에는 '독'이 선정되었을 정도입니다.

독은 한자로 '毒'이라고 씁니다. 글자 모양이 아내를 의미하는 처妻와 비슷하여 풍자시 등에 자주 이용되기도 합니다. 한 예로 일본의 제일생명사가 매년 회사원을 대상으로 모집하는 센류川柳(5·7·5조의 17음으로 이루어진 짧은 풍자시-역주) 응모작에 다음과 같은 시가 있었습니다.

'처妻'의 글자가 / '독毒'으로 보인다면 / 권태기(1994년)

가족관계란에 / 허둥대어 '아내妻'를 / '독毒'이라 적었네(2001년)

사실 한자 독毒은 처妻와 직접적인 관계가 없습니다. 참고로 '妻'라는 한자는 여성이 머리에 비녀를 꽂아 정장하고 제사를 모시는 모습을 나타내는 상형 문자로 알려져 있습니다(시라카와 시즈카白川静, 『상용한자 해석常用字解』).

독은 우리 생활과 동떨어져 있지 않으며 우리는 독과 함께 살아왔다고 말할 수 있습니다. 가정에서 사용하는 세제, 살충제, 제초제 등은 잘못 사용하면 우리의 생명을 위협합니다. 또 우리 몸의 아드레날린이나 인슐린과 같은 물질도 때에 따라서 생명을 위협하는 독이 될 수 있습니다. 독과 공생하는 일을 그저 무서워하고 싫어하거나 흥밋거리로만 생각해서는 안 됩니다.

과학자이자 수필가 데라다 도라히코寺田寅彦(1878~1935)는 말년인 1935년 8월에 아사마浅間 산이 분화했을 때의 경험을 바탕으로 쓴 수필 「작은 폭발 2건小爆発二件」에서 "어떤 일을 너무 무서워하지 않거나 너무 무서워하기는 쉽지만, 적당히 무서워하기는 상당히 어렵다"라고 썼습니다. 독에 관해서도 똑같이 말할 수 있다고 생각합니다.

사람들은 독을 어떻게 대했을까?

인류의 조상들은 독을 처음 대할 때 어떻게 했을까요? 가령 어떤 버섯을 먹고 설사나 구토가 났다면 원인이 버섯이 아닌지 의심하고 주변 사람들에게 조심하라고 했을 겁니다. 그리고 그 일화가 교훈으로 전해졌을 겁니다. 병에 걸리거나 죽음의 원인을 몸에 들어온 나쁜 '벌레' 혹은 사악한 기운, 악마의 저주로 여기는 일은 현대에도 일부 민족 집단에서 찾아볼 수 있습니다. 또 영적 세계와 교류할 수 있는 무녀나 예언자가 약물을 이용한 변성 의식 상태(트랜스 상태)에서 신의 뜻을 전달하기도 하고, 전승되어 온 약물을 민간요법에 사용하는 일도 있습니다.

동서고금을 막론하고 뱀이나 전갈 같은 독을 가진 생물은 기피의 대상이면서도 반대로 그 힘을 경외하거나 우상으로 숭배하기도 했습니다. 고대 이집트 문명에서는 왕권의 상징으로서 왕이 머리에 쓰는 관 앞부분에 코브라의 신 우라에우스 조각을 장식으로 붙였습니다. 고대 그리스에서 의술의 신으로 숭배받는 아스클레피오스는 뱀을 동반한 모습으로 그려져 있으며 '아스클레피오스의 지팡이'를 지니고 있습니다.

역사상 문자가 발명되고 종이에 기록을 남기면서부터 인류는 독에 관한 체험을 기록하고 공유하며 인류의 공동 재산으로 삼았습니다.

한편, 우리가 먹는 음식은 화학 물질로 이루어져 있다고 해도 과언이 아닙니다. 3대 영양소인 단백질, 지방, 탄수화물도 실은 유기 화합물의 이름입니다. 조미료의 글루탐산나트륨을 비롯하여 고춧가루의 매운 주성분인 캡사이신, 후추의 매운 주성분인 피페린, 각종 술의 취하는 성분인 에틸알코올, 기호품인 차와 커피에 포함된 카페인 모두 유기 화합물의 이름입니다. 이에 반하여 물 이외의 음식물과 관련한 대표적인 무기 화합물은 소금입니다. 모든 음식물은 유기 화합물과 무기 화합물로 구성되어 있으며, 그 외 다른 것은 없습니다. 독 역시 화학 물질입니다.

독은 생명과 관련된 것부터 단순히 가려움증이나 불쾌감, 재채기를 일으키는 독까지 다양합니다. 계요등이라는 식물은 잎을 비비거나 열매를 짜면 냄새가 나는데, 사람에게 불쾌감을 주기 때문에 이것 역시 독이라면 독입니다. 이러한 현상을 일으키는 원인 물질도 모두 화학 물질입니다. 따라서 화학 물질을 이해하면 독을 더욱 쉽고 분명하게 이해할 수 있게 됩니다.

왜 독성을 만드는 생물이 있을까?

어떤 동식물이 독을 가진 이유로는 다른 동물에게 먹히지 않기 위해서, 말하자면 '자기방어'를 위해서라는 주장이 있습니다. 과연 그럴까요? 동식물 스스로가 의도적으로 선택하여 독을 가지게 되었다는 주장인데 동의하기는 어렵습니다.

'생물의 다양성'이라는 말을 자주 듣습니다. 지구의 나이는 대략 46억 년으로 현재 약 870만 종의 생물이 알려져 있습니다. 지구에 바다가 생긴 것은 44억 년 전이며 생명이 탄생한 것은 35억 년 전이라고 합니다. 이제까지 지구상에는 수십억 종 이상의 생물이 탄생했을 것으로 주장하는 학설도 있습니다. 그중에서 수많은 생물 종이 멸종하고, 변이와 진화를 거치면서 새로운 종이 탄생해 왔을 겁니다.

현재까지 존재하는 생물 종은 아마도 천에 하나, 만에 하나의 확률로 살아남은 것이겠지요. 그렇게 살아남은 생물 중에서 우리가 독이라고 부르는 화합물을 만들어 내는 생물이 우연히 존재한다고 봅니다. 수많은 생물이 살아남기 위해 치열한 생존 경쟁을 벌일 때, 독(우리가 그렇게 부르는)을 생산하는 생물이 살아남는 데에 조금 유리했을 겁니다.

어떻든 현재 지구에 사는 생물은 지금까지 살아남을 수 있었던 특성을 어떤 형태로든 가지고 있습니다. 달리기가 빠르거나 나무를 잘 타거나 껍질이 단단하거나 영리하거나 등의 특징입니다. 독을 만들 수 있는 종은 식물이 동물보다 많은 것 같습니다. 다른 특성을 기르는 것보다 우연히 독이라는 화합물을 생산한 덕분에 식물이 살아남는 데 유리했을 수도 있습니다.

사람은 아주 오래전부터 꽃을 좋아했던 모양입니다. 죽은 이에게 꽃을 바치는 행위는 호모 사피엔스와 같은 시기에 살고 있었던 네안데르탈인도 했다고 합니다. 호모 사피엔스와 네안데르탈인이 서로 교류했는지는 다른 이야기이므로 더는 언급하지 않겠습니다.

그런데 예쁜 꽃을 피우는 식물 중에는 독이 있는 식물도 많습니다. 석산이나 아마릴리스, 문주란, 수선화, 스노드롭 등은 저마다 예쁜 꽃을 피우는 수선화과의 식물인데, 리코린lycorine 등의 독성 알칼로이드가 들어 있습니다. 또 관상용으로 많이 키우는 은방울꽃, 만년청, 복수초, 디기탈리스도 실은 심장의 수축 작용을 세게 하는 화학 성분이 포함된 위험한 식물입니다.

석산에 대해서 덧붙이자면 일본에서는 유령 꽃 혹은 죽은 자의 꽃이라고 하여 죽음과 관련한 이미지가 있습니다. 또 천상계에 피는 꽃이라고 하여 '만주사화曼珠沙華'라고도 불립니다. 석산은 가을 추분 무렵에 야산이나 논두렁길 등에 짙은 분홍빛으로 군락을 이룬 모습을 자주 볼 수 있습니다. 아주 오래전 일본에서 시신을 화장하는 일이 일반적이지 않았던 시대에는 매장지에 석산을 심었다는 설도 있습니다. 석산의 잎이나 줄기, 인경에 독이 있으니 벌레나 동물들이 가까이 오지 못하도록 한 것이지요.

양귀비도 참 예쁜 꽃입니다. 뉴스에서 가끔 일반인들이 양귀비를 재배하다가 적발되었다는 보도를 보면, 대부분 마약과 상관없이 단순히 예쁜 꽃을 보려고 재배했다고 말합니다. 양귀비 중에서 관상용으로 재배할 수 있는 것은 마약 성분이 포함되지 않은 개양귀비와 꽃양귀비입니다.

인류는 식물이 가진 독을 약으로 이용해온 역사가 있습니다. 식물 성분이 갖는 생물 활성 중에서 인간에게 도움이 되는 성분을 이용해온 겁니다. 하지만 약에는 부작용도 따르고, 이를 간단하게 없애기는 어렵습니다. 약을 쓰는 데 어려운 점입니다.

증상이 바로 나타나는 독, 천천히 나타나는 독

독성이 언제 나타나는가는 종류에 따라서 다릅니다. 바꽃이나 청산 칼륨처럼 증상이 바로 나타나는 알기 쉬운 독(급성독)도 있지만, 반대로 발암성 물질이나 간세포독처럼 독성이 천천히 퍼지는 독(만성 독)은 알아채기가 어렵습니다. 탈리도마이드처럼 복용한 본인에게는 전혀 독성이 나타나지 않다가 태아에게 영향이 나타나는 독(지연 독)도 있습니다. 그뿐 아니라 본인이나 자녀, 손자에게는 아무런 독성이 나타나지 않았지만 알지 못하는 사이에 인간 종족 전체의 수가 줄게 되고, 결국 이러한 사실이 오랜 시간이 지나서 밝혀지게 되는 독이 있을지도 모릅니다. 환경 호르몬이라는 내분비계 교란 화학 물질에는 이러한 독성이 나타날 수 있으므로 두려운 마음이 드는 것 같습니다.

인간의 한 세대를 약 30년이라고 생각했을 때 100세대면 3,000년, 300세대면 약 1만 년이라는 계산이 나옵니다. 일본은 경제적 불안감까지 더해져 결혼하지 않으려는 젊은이들이 늘면서 인구 감소가 심각해지고 있습니다. 단순하게 인간이라는 종이 세대마다 5퍼센트씩 감소한다고 가정하면 100세대가 지났을 때 세대의 인구수는 현재의 0.6퍼센트($0.95^{100} \times 100\%$)가 됩니다. 1만 년, 300세대가 지나면 거의 0이 되니 그야말로 '절멸'입니다. 이렇게 생각하면 인류나 민족을 서서히 줄어들게 하는 독이 가장 두려운 존재일지도 모른다는 생각이 듭니다.

현재 사람과 식물과의 관계에서 불편을 겪는 일 중 하나가 '꽃가루 알레르기'입니다. 꽃가루로 인해서 체내의 히스타민이 대량으로 방출되는 것이 원인이며, 코막힘 등의 증상이 나타납니다. '꽃가루 알레르기 때문에 인생이 고달픈' 정도는 아니지만, 이성과 교제할 기회를 놓치는 바람에 결혼과 인연이 멀어지고 그 결과 태어나는 아기의 수가 5퍼센트나 줄어든다면 큰일입니다. 세대를 거치면서 5퍼센트가 줄어드는 일이 300세대나 계속되면 인구수가 거의 0이 되기 때문입니다.

이산화 탄소나 프레온 같은, 지구 온난화에 영향을 미치는 화합물은 '지구에 대한 독'이라고 말할 수 있을지도 모릅니다. 이처럼 생물 전체에 위협을 끼치는 독은 오히려 알기 어려워서 더더욱 주의가 필요합니다.

치사량은 어떻게 알 수 있을까?

독이라고 해도 극소량일 경우에는 해가 되지 않습니다. 치사량이란 먹거나 투여했을 때 사망하는 약물의 양을 말합니다. 하지만 치사량은 건강한 사람과 병약한 사람, 몸무게가 많이 나가는 사람과 적게 나가는 사람에 따라서 달라집니다. 그래서 통계적인 방법을 사용합니다. 물론 사람을 대상으로 실험할 수는 없으므로 실험용 쥐를 대상으로 실험합니다.

먼저 통계적으로 유의한 수의 검체에 소량의 독을 투여하여 사망하는지를 조사합니다. 만일 사망하지 않았다면 그 양을 조금씩 늘려갑니다. 독의 양을 늘릴수록 사망하는 검체도 많아지며 결과적으로

반수 치사량 LD_{50}의 그래프

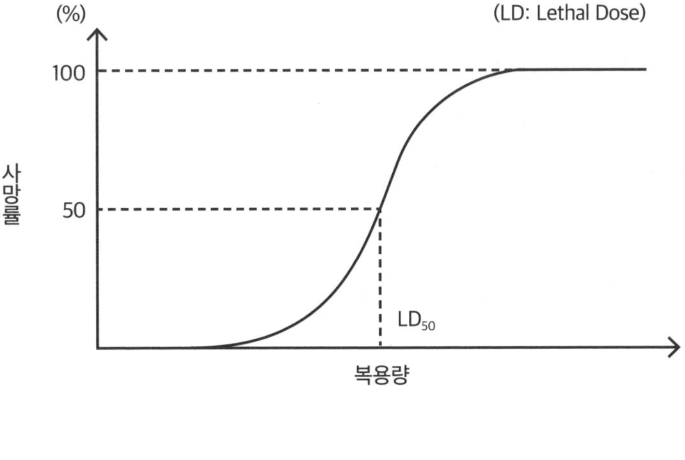

앞(25쪽)의 그래프와 같은 관계가 성립합니다. 이때 검체의 절반이 사망에 이르는 복용량을 반수 치사량 LD_{50}이라고 합니다.

가령 'LD_{50}이 20mg/kg'이라는 것은 대상 동물의 체중 1킬로그램당 20밀리그램을 투여했을 때, 그 동물의 절반이 죽는다는 추정을 나타냅니다. 따라서 수치가 작을수록 독성이 강합니다. LD_{50}이 20mg/kg이라면 체중이 60킬로그램인 사람이 1,200밀리그램(20mg×60)을 먹거나 투여했을 때 사망할 가능성이 50퍼센트라는 것을 나타냅니다.

하지만 동물을 상대로 실험했기 때문에 독성의 정도를 사람에게 적용하여 예측하는 일은 간단하지 않습니다. 왜냐하면, 종이 다를 뿐만 아니라 개인에 따라서 독이나 약물에 반응하는 정도가 상당히 다르기 때문입니다. 게다가 투여법에 따라서도 다르게 나타납니다. 경구 투여인지, 주사를 사용한 투여인지, 투여법에 따라서 독성이 다르게 나타납니다.

따라서 LD_{50}을 나타낼 때는 그 독성을 실험한 동물 종과 투여법을 명시하게 되어 있습니다. 독 중에서도 잘 알려진 청산 칼륨의 LD_{50} 값은 10mg/kg(실험용 쥐 래트, 경구)입니다. 이것은 실험용 쥐에게 청산 칼륨 10mg/kg의 양을 경구 투여하면 절반의 래트가 죽을 것으로 추정된다는 의미입니다. LD_{50} 값이 확정되지 않았을 때는 최소 치사량으로 표시하기도 합니다.

세계에서 가장 강한 독

흔히 독성이 강하다든지 독성이 약하다는 말을 하는데, 지금까지 알려진 독 중에서 독성이 강한 순서대로 순위를 매기는 일은 생각보다 쉽지 않습니다. 대부분 급성 독성만을 비교하기 때문입니다. 오랜 시간을 두고 천천히 나타나는 만성 독성을 다른 물질의 독성과 비교하고 평가하는 일은 상당히 어렵습니다. 또한, 간세포에 독성 혹은 발암성이 어느 정도 있는지, 담배와 알코올, 음식, 환경 오염, 방사능과의 관계가 어느 정도인지 등을 조사하고 비교하는 일은 꽤 복잡합니다. 이러한 점을 이해하시고 현재 우리가 접할 수 있는 독의 순위를 봐 주기 바랍니다(28쪽 참고).

인간이 합성한 화학 물질일수록 독성이 강하며 자연에서 얻는 것은 독성이 약하다고 말하는 사람도 있지만, 이 표를 보면 정반대입니다. 오히려 자연물 중에서 독성이 강한 물질을 많이 볼 수 있습니다. 순위가 높은 독성 물질의 대부분은 미생물이나 동식물이 만들어 내는 독입니다. 인간은 자연의 지혜에 대적할 수 없는 존재라는 것을 다시 한 번 느낍니다.

표를 보면 자연물 중에서도 펩타이드나 알칼로이드류의 독성이 강하다는 것을 알 수 있습니다. 펩타이드란 아미노산이 결합하여 만드는 단백질 중에서도 분자가 비교적 작은 것을 말합니다.

한편 알칼로이드란 질소를 포함한 유기 화합물 중에서 아미노

지금까지 알려진 독성이 강한 물질

독 이름	LD_{50}(μg/kg*)	유래
보툴리눔 독소 botulinum toxin	0.0003**	미생물
파상풍 독소[a] tetanus toxin	0.0017**	미생물
마이토톡신 maitotoxin	0.05	미생물
리신[a] ricin	0.1	식물(피마자)
시구아톡신 ciguatoxin	0.35	미생물
팔리톡신 palytoxin	0.45	미생물
바트라코톡신[b] batrachotoxin	2	동물(독개구리)
삭시토신[b] saxitoxin	3.4	미생물
테트로도톡신[b] tetrodotoxin	10	동물(복어)/미생물
VX가스	15.4	화학 합성
다이옥신(TCDD)	22	화학 합성
d-투보큐라린[b] d-tubocurarine	30**	식물(쿠라레)
바다뱀 독[a]	100	동물(바다뱀)
아코니틴[b] aconitine	120	식물(바꽃)
네오스티그민[b] neostigmine	160	화학 합성
아마니틴[a,b] amanitin	400	미생물(독버섯)
사린 sarin	420	화학 합성
코브라 독[a]	500	동물(코브라)
피조스티그민[b] physostigmine	640	식물(칼라바르 콩)
스트리크닌[b] strychnine	960	식물(마전)
청산 칼륨	10000	화학 합성

* $\times 10^{-3}$mg/kg 또는 $\times 10^{-6}$g/kg과 같다.
**최소 치사량 농도. a: 펩타이드, b: 알칼로이드.
(후나야마 신지船山信次,『도해 잡학 독의 과학図解雑学 毒の科学』,73쪽의 자료 일부 수정)

산 및 아미노산으로 구성된 펩타이드와 단백질, 동식물의 유전 정보 물질인 DNA나 RNA, 그 구성 분자인 핵산 등을 제외한 총칭입니다. 초기에 발견된 물질 대부분이 알칼리성을 띠었기 때문에 알칼로이드라고 이름 붙여졌습니다. 식물 독의 대부분은 알칼로이드입니다. 알칼로이드에 관해서는 2장에서 자세히 설명하겠습니다.

보툴리눔 독소와 보톡스-독과 약은 동전의 양면

공기나 물, 소금은 우리의 생명을 유지하기 위해서는 빼놓을 수 없이 중요한 것들입니다. 하지만 만일 혈관 안에 공기를 주입한다면 어떻게 될까요? 아니면 물속에서 오랫동안 얼굴을 담그고 있으면 어떻게 될까요? 당연히 생명이 위태롭겠지요.

소금은 우리 몸에 꼭 필요한 성분이지만 다량 섭취하면 위험합니다. 인도에서 소금 많이 먹기 대회가 열렸을 때 소금을 600그램이나 먹은 소년이 사망했다는 이야기도 있습니다. 속담에 '밥도 많이 먹으면 독이 된다.' 혹은 '지나침은 미치지 못함과 같다.'라는 말이 있습니다.

술도 마찬가지입니다. 적당한 술은 기분을 좋게 하고 사람과의 관계도 부드럽게 풀어줍니다. 그래서 '술은 모든 약 중에 으뜸이다.'라고도 합니다. 하지만 술버릇이 고약한 사람이 마시면 폭력을 행사하기도 하므로 그야말로 '미치광이 물'이 되어버리고 맙니다. 심지어 대학교 신입생 환영회 때 못 먹는 술을 억지로 마셔 생명을 잃는 안타까운 이야기도 접합니다.

사람을 비롯한 생물에게 어떤 작용을 하는 성분을 생물 활성 성분이라고 하는데, 생물 활성 성분이 인간에게 좋게 작용하면 약이라고 하고, 나쁘게 작용하면 독이라고 합니다. 다시 말해서 독과 약을 완전하게 떼어 놓을 수는 없죠. 이런 독과 약의 관계는 미생물 작용에 의한 발효와 부패, 재배 식물과 잡초, 익충과 해충을 떠올리게 합니다. 원래 미생물이나 식물, 곤충의 입장에서 보면 그저 열심히 살고 있을 뿐인데 인간이 마음대로 이름 붙인 것입니다. 독이라는 말은 인간의 관점에서 사용하는 말이라는 것을 잊지 마시기 바랍니다.

보툴리늄 독소는 세계에서 가장 독성이 강한 독 중 하나입니다. 혐기성 환경에서 햄이나 소시지 등의 가공식품에 번식하는 보툴리늄 균이 만드는 독소이며, 매우 강한 신경독으로 세균이 일으키는 식중독 중에서 가장 치사율이 높습니다. 하지만 이 독소에서 개발된 '보톡스'라는 약제가 성형외과나 피부과에서 눈가의 주름을 없애는 목적으로 사용됩니다.

또, 인도가 원산지인 마전의 종자에서 얻어진 스트리크닌은 강력한 독성을 가지고 있습니다. 말레이제도의 보르네오섬이나 필리핀에서는 원주민이 사용하는 바람총(대통 속에 화살을 넣고 입으로 불어서 쏘는 총)에 이 독이 사용됐습니다. 하지만 위장 기능을 촉진하는 효과가 있어서 인도에서는 이 진액을 약으로 사용해왔습니다.

아트로핀atropine은 미치광이풀이나 흰독말풀과 같은 유독 식물의 주된 독성 성분이지만 안과에서 동공을 키우는 목적으로도 사용된 일이 있습니다. 또 신경가스인 사린의 해독제로도 쓰였습니다. 한편 위장의 평활근의 비정상적인 긴장을 억제하기 위해 아트로핀이 함유된 식물의 진액을 위장약에 배합하기도 합니다.

신경가스의 사린이나 유기인제 농약 중독의 해독제로 아트로핀이나 프랄리독심pralidoxime을 사용하는 일은 확실한 이론에 근거한 대처법이지만 독이 인체에 작용하는 원리는 복잡하며, 해독제를 투여했다고 해서 독작용이 완전히 없어지지는 않습니다. 독작용이 없어지는 일은 조건이 상당히 좋을 때만 가능하다는 것을 강조하고 싶습니다.

약과 독의 관계는 동전의 양면과 같아서 약에 대해서 잘 알고 싶으면 독에 대해서도 잘 알아둘 필요가 있습니다. 어떤 화합물의 효능만 보려고 하면 중요한 점을 놓칠 수 있습니다. 바로 약물의 부작용입니다. 효능이 높으면 높을수록 부작용 또한 강하며, 반드시 독성이 감춰져 있다고 봐야 합니다. 약학 대학에서 독성 물질에 관한 강의가 개설된 이유도 이 때문입니다.

이와 관련하여 기억나는 일이 있습니다. 제가 아직 대학 진로를 결정하지 못하고 있던 고등학교 1학년 때였습니다. 우연히 텔레비전에서 영화를 보게 되었는데 제목은 잊었지만, 한 장면만큼은 선명하게 기억합니다. 파리대학 약학부의 도서관 안에서 독물학 관련의 두꺼운 책을 빼내는 장면이었습니다. 그때 '어! 독성 물질을 연구하는 학문이 약학과 관계가 있구나!' 하고 짧지만 강렬한 인상을 받았습니다.

그런데 어떤 화합물을 독이라는 관점으로만 보았을 때도 중요한 것을 놓칠 수 있습니다. 독이라고 알려진 화합물은 그만큼 강한 작용을 하므로, 어떤 형태로든 사람에게 도움이 될 수 있는지를 살펴봐야 합니다. 그래서 저는 독과 약에 대해서 '독의 관점으로 약을 보고, 약의 관점으로 독을 보아야 한다.'고 생각합니다.

의약품에는 반드시 부작용이 따릅니다. 부작용이란 목적하는 작용 이외에 부수적으로 생기는 좋지 않은 작용을 말합니다. 재배식물과 잡초를 예로 들어볼까요. 화훼 농가에서 소국을 재배하고 있다면 주변에서 씨가 날아와 자라는 약모밀은 잡초가 됩니다. 하지만 관점을 달리해서, 약모밀을 재배하는 농가라면 우연히 자라난 소국이 잡초가 됩니다. 이처럼 관점을 바꾸어 생각하는 것이 중요합니다. 잘 알려진 비아그라의 작용은 본래의 목적 이외에 부수적으로 일어나는 부작용을 활용한 것입니다.

4대 공해병의 교훈

일본은 20세기 경제 성장의 부산물로 네 차례나 큰 공해를 일으킨 뼈아픈 경험이 있습니다. 미나마타병, 니가타 미나마타병, 이타이이타이병, 그리고 요카이치 천식입니다. 현재 각 공해의 원인은 유기 수은, 카드뮴, 황산화물로 밝혀졌습니다. 하지만 대규모의 인적 피해를 가져온 원인이 밝혀지기까지 수많은 우여곡절이 있었으며, 무엇보다 중독 증상으로 괴로움을 겪는 환자를 향한 사회적 차별이 있었습니다.

미나마타병은 1950년대 중반부터 구마모토현의 미나마타 주변에서 발생한 중추 신경계 질환으로, 발생한 지역명을 따서 이름 붙였습니다. 시야 협착, 보행 장애, 언어 장애를 일으키고 또 산모를 통해 중독된 태아도 중독 증상을 일으켜서 태아성 미나마타병이라고 불렸습니다. 환자들은 질병의 아픔을 겪으면서 주위에서 '기이한 병', '전염병'이라는 차별도 받았는데, 질병의 원인이 특정되지 않았기 때문입니다. 그러다가 1954년에 고양이들이 발작을 일으키며 죽는 이상한 일이 신문에 크게 보도되었습니다.

정부는 1968년이 되어서야 겨우 그 원인이 CHISSO 화학공장이 미나마타만에 배출한 폐수 속에 포함된 유기 수은, 그중에서도 메틸수은에 의한 것이라고 결론을 내렸습니다. 메틸수은은 어패류의 먹이사슬에 의해서 10만~1,000만 배나 농축됩니다. 그런데 그

것을 모르고 계속해서 어패류를 먹은 미나마타만과 시라누이해 연안에 거주하는 주민들이 무서운 피해를 보게 된 것입니다. 결국, 미나마타병의 원인은 '메틸수은 중독증'으로 판명되었습니다.

1965년에는 니가타현 아가노강 하류 연안에서도 비슷한 증세를 보이는 환자가 나타났고, 니가타 미나마타병 또는 제2의 미나마타병이라고 불리게 되었습니다. 이 원인도 상류에 있던 공장 폐수 속에 포함된 메틸수은으로 판명되었습니다.

한편, 이타이이타이병은 일찍이 도야마현의 진즈강 유역의 주민들에게서 발생했습니다. 환자가 발생한 사실을 안 것은 1910년 무렵입니다. 1920년에는 당시 도야마현의 가미니카와上新川군의 농촌 회장이 농상무 대신과 도야마현 시사를 상대로 상류에 위치한 기후현의 가미오카 광업소의 광독 제거를 위한 건의서를 제출한 기록이 있습니다. 이 병이 세상에 알려지게 된 계기는 1955년 『도야마 신문』에 해당 지역의 의사인 오기노 노보루가 쓴 다음과 같은 기사입니다. '환자의 유형을 보면 이 지역에 오랫동안 거주해 온 35세부터 갱년기에 이르는 여성이 많다. 증상은 허리·어깨·무릎 등의 둔통으로 시작하여 점차 대퇴부와 팔의 위쪽에 신경통 같은 통증을 느끼고, 병이 진행되면서 조금만 움직여도 골절이 되고 찢어지는 듯한 심한 아픔을 느낀다.' 환자의 주요 증상으로는 골연화증 이외에 신장 기능 장애가 나타나며, 증상이 심해지면서 뼈의 병변에 따른 극심한 통증 때문에 '이타이, 이타이(아프다)'라고 호소하였기 때문에, 오기노 의사가 이타이이타이병이라고 이름 지었습니다.

중년의 여성뿐만 아니라 남성에게도 발병하였는데 대부분이 쌀 농사 등을 짓는 농업 종사자였습니다. 병의 원인을 밝히기 위해서 상당한 시간이 걸렸지만, 결국 다음과 같은 인과 관계가 밝혀졌습니다.

가미오카 광산에서 산출되는 아연 광석은 섬아연광이라는 광물에서 얻어내는데 불순물인 1퍼센트 정도의 카드뮴을 진즈강에 흘려보냈습니다. 도야마현의 후츄마치(당시)는 하류의 부채꼴 지형으로 다른 곳에서 물을 끌어올 수 없었기 때문에 농업용수와 마시는 물로 진즈강의 물을 사용했습니다. 카드뮴은 농작물에 축적되는 성질이 있는데, 카드뮴에 오염된 쌀과 채소를 오랜 기간에 걸쳐서 먹고 또 오염된 물을 마신 것입니다.

1968년 정부는 이타이이타이병을 '공해병의 제1호'로 인정했고 관련 뉴스가 전국에 알려졌습니다. 사실은 이보다 30년도 더 전에 군마현 안나카시에 세워진 아연 정련 공장에서 흘러나온 연기와 폐수로 인해서 인근 논밭의 벼와 뽕나무가 마르고 누에가 제대로 성장하지 않으며, 우스이강의 물고기가 대량으로 죽는 일들이 발생했었습니다. 이러한 원인을 '공해' 때문이라고 주장하는 주민들과 이를 부정하는 공장 측 사이에서 오랫동안 분쟁이 끊이지 않았습니다. 하지만 도야마현에서 발생한 이타이이타이병의 보도를 접하고 그 원인이 카드뮴 때문이라는 것을 알고 나서 안나카시에서도 본격적인 조사가 이루어졌습니다. 이듬해 군마현은 안나카시에서 '이타이이타이병 의심 환자'가 발생한 사실을 발표했습니다. 그리고 다음 해 현지에서 생산된 쌀에서 카드뮴이 검출되자 출하 금지 조치가 내려졌고, 결국 오랜 기간의 분쟁이 해결될 수 있었습니다.

한편 고도 경제 성장에 박차를 가할 무렵 미에현의 요카이치시에서도 대규모 공장을 유치하려고 애썼는데, 그 결과 1959년에 일본에서는 처음으로 본격적인 석유화학단지가 가동을 시작했습니다. 그런데 1960년대에 이르러 인접한 시오하마 지역에서 천식 환자가 급증하였고, 1967년 당시 중학교 3학년이던 학생이 사망하기에 이르렀습니다. 이에 주민들의 분노가 폭발하여 요카이치시에 공해 소송을 제기하였고 마침내 원인 규명을 위한 움직임이 본격화되었습니다.

일반적으로 석유는 석탄과 다르게 그을음과 매연을 내뿜지 않아서 깨끗한 에너지라고 생각했습니다. 하지만 황 성분이 많이 포함된 중동산 원유를 사용했기 때문에, 일명 '화이트 스모그'라고 불리는 다량의 아황산가스를 굴뚝으로 방출하고 있었던 겁니다. 피해 해결을 위해 활동을 시작했을 때는 이미 환자가 1,000명이 넘었습니다. 더욱이 시오하마는 지역 특성상 공장 단지에서 불어오는 바람이 나가는 쪽에 있었기 때문에 아황산가스의 잔류가 심하다는 점도 판명되었습니다. 아황산가스의 비중은 공기 1에 대하여 2.2630으로 공기보다 무겁기 때문에 공중에 있는 먼지 등에 달라붙어서 땅에 떨어집니다.

지금까지 살펴본 4대 공해병의 희생 위에 현재의 일본이 있다는 것을 잊지 말아야 합니다. 현재, 그리고 미래의 큰 교훈으로 삼아야 할 것입니다.

탈리도마이드, 에이즈-약에 의한 큰 피해

18세기 말, 물질이 원소로 이루어졌으며 물질은 변화해도 질량은 보존된다는 원칙이 확립되었습니다. 이것이 화학 혁명의 시작이었습니다. 그리고 1828년에 우연히 무기물에서 유기 화합물인 요소가 실험실에서 합성된 후 유기 화합물 합성이 계속 이루어졌습니다.

근대 유기 화학의 발전은 근대 약학의 탄생이기도 했습니다. 다양한 '생약'의 유효 성분을 밝혀서 새롭게 약으로 사용하게 되었습니다. 아편에서 모르핀을 추출하고 녹차에서 카페인을 추출한 것도 이때입니다. 일본에서의 유기 화학의 발전은 메이지 유신(1868년) 이후부터이며 외국에서 약이 수입되면서 화학적으로 합성한 약과 항생 물질 등이 일본의 의료를 크게 바꾸었습니다. 그러나 이러한 눈부신 발전 뒤에는 그림자도 뒤따르는 법이어서, 근대적 의약품에 의한 피해와 사고가 빈번하게 발생하였습니다. 그 예를 들어보겠습니다.

1956년 치아 치료 중에 항생 물질인 페니실린 투여에 의한 쇼크로 대학교수가 사망한 사실이 보도되었습니다. 원인 규명 과정에서 페니실린 쇼크에 의한 사망자가 이미 100명을 넘는다는 사실이 알려지면서 큰 사회 문제가 되었습니다.

1957년, 당시 서독에서 개발된 탈리도마이드는 진정·수면제로 이듬해인 1958년에 일본에서도 판매가 허락되었습니다. 안전한 의약품이라고 선전되어 임신부의 입덧 방지용으로도 널리 이용되었습니다. 하지만 1960년 무렵, 임신 초기에 이 약을 복용하면 태아 발달이 늦어져서 중증 장애가 나타난다는 사실이 밝혀졌습니다. 탈리도마이드의 부작용으로 인해서 세계에서 1만 명이 넘는 태아가 피해를 보았으며, 일본에서는 세계에서 세 번째로 많은 약 1,000명(추정)의 피해자가 발생하여 커다란 사회 문제가 되었습니다.

한편, 키노포름chinoform은 살균 성분이 함유된 피부에 바르는 약으로 1899년에 스위스에서 처음으로 만들어졌습니다. 맛과 냄새가 나지 않고 자극적이지 않아서 외상 소독과 더불어 아메바성 이질에 대해서만 먹는 약으로 사용되었습니다. 1920년 무렵, 장에서 체내로 흡수되지 않는다고 생각했기 때문에 장내 살균을 목적으로 먹는 약으로 사용하게 되었습니다. 하지만 1935년에 아르헨티나에서 다리가 마비되어 걸을 수 없는 증상 등이 발생하였기 때문에, 스위스에서는 키노포름을 극약으로 지정하였습니다.

일본도 비슷한 경험이 있습니다. 1939년부터 키노포름의 극약 지정을 해지하고 군대에서 사용하기 위해 생산량을 늘렸습니다. 전쟁 이후의 혼란 속에서 당시 후생성이 '약국방'에 실린 약을 일괄 승인하면서, 키노포름으로 치료 효과가 기대되는 병과 증상이 확대되었으며 투여량의 증가도 허가되었습니다. 그 결과 키노포름은 수술 부위에 다량으로 사용되었고 키노포름이 함유된 약이 186 품목이나 늘어나 시중에 판매되었습니다.

그런데 1955년 무렵부터 강한 복통과 설사 이후에 갑자기 다리 감각이 없어지거나 저림을 호소하는 환자가 확인되기 시작했고, 눈이 안 보이거나 다리가 마비되어 걷지 못하게 된 환자도 생겨났습니다. 원인을 모르는 '기이한 병'으로 아급성 척수시신경증이라고 불리며 사회 문제가 되었습니다. 겨우 1970년에 이르러 해당 증세 환자들의 혀, 소변, 대변에서 얻은 녹색 결정을 분석한 결과 키노포름이 원인이라고 특정되었습니다. 그해에 제조 판매와 사용이 금지되었지만 확인된 환자만 1만 1,000여 명에 달했습니다. 의약품의 적용을 함부로 확대하면 이처럼 무서운 일이 발생할 수 있다는 뼈아픈 교훈이 아닐 수 없습니다.

치료가 곤란한 병으로 후천성 면역 결핍 증후군(에이즈)이 있습니다. 에이즈 바이러스에 의해서 감염되는 이 병이 미국을 중심으로 확대되고 있다는 사실이 알려진 것은 1981년 무렵 신문 보도 등을 통해서입니다. 한편 일본의 혈우병 환자 사이에서 에이즈 감염이 발생하였다는 사실은 이후 한참이 지나서야 알려졌습니다. 혈우병이란 선천적으로 혈액을 응고시키는 인자가 적어서 출혈이 일어났을 때 피가 잘 멎지 않는 병입니다. 지혈과 출혈을 예방하기 위해 혈액을 원료로 하는 약을 투여해야 하는데, 그 당시 후생성이 인가한 비가열 혈액 제제에 에이즈 바이러스가 섞여 들어간 것입니다.

이렇게 된 데에는 몇 가지 문제가 있었습니다. 일본 내 헌혈자의 혈장을 재료로 하지 않고 유럽이나 미국 헌혈자의 혈장을 사용한 점, 농축 제제라고 해서 여러 사람의 혈장을 하나의 농축기에서 만드는 방법을 써서 감염 위험이 높아진 점입니다. 당시 바이러스를 비활성화하지 않는 비가열 혈액 제제의 위험성은 이미 알려져 있었습니다. 그래서 유럽과 미국에서는 비용은 들지만, 안전성이 높은 가열성 혈액 제제로 바꾸는 추세였습니다. 그런데도 이러한 사실을 일본의 제약회사는 감춰 왔으며, 결과적으로 일본의 혈우병 환자의 40퍼센트, 약 2,000명이 에이즈에 감염되고 말았습니다. 이것이 '약해 에이즈 사건'입니다.

디에틸스틸베스트롤DES은 1938년 영국에서 천연 호르몬 스테로이드계인 에스트라디올estradiol을 연구하던 중에 발견한 세계 최초의 인공 여성 호르몬입니다. 이후 유럽과 미국에서 안전한 절박유산 방지제로 널리 사용되었습니다. 미국에서는 500만 명 이상의 임산부에게 처방되었으며, 갱년기 장애나 노인성 질염, 불임증 등에도 처방되었습니다. 1950년대부터는 가축을 살찌우려는 목적

디에틸스틸베스트롤과 에스트라디올의 화학 구조

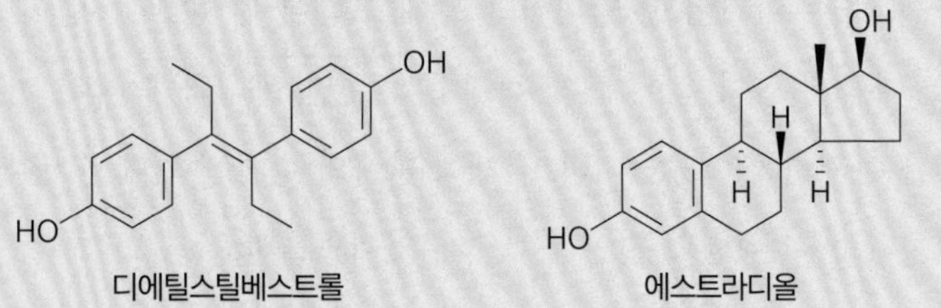

으로 사료에도 첨가되었습니다.

그로부터 약 30년이 지난 1970년대에 이르러 미국에서 원인을 알 수 없는 질병 사례가 나타났습니다. 사춘기가 막 지난 젊은 여성들에게서 자궁암이 증가한 것입니다. 젊은 여성에게 자궁암이 생기는 일은 드뭅니다. 조사를 통해 자궁암이 발병한 여성들의 어머니 모두가 임신 중에 DES를 복용한 사실이 밝혀졌습니다. 태아기의 남아에게도 영향을 끼쳤는데, 남성의 경우 성기 형성 부전·정자 농도 저하·불임 등이 보고되었습니다. 미국 식품의약국FDA은 임신부에 대한 처방을 중지하도록 권고했습니다.

PCB의 독—가네미 유증 사건

1968년 10월 서일본 일대에서 원인을 알 수 없는 질환을 앓는 환자들이 나타났습니다. 온몸에 가려움과 붉은 습진이 생기는가 하면, 자주 어지럽고, 엉덩이와 등에 고름이 찬 큰 부스럼이 생기고, 내장 질환이 눈에 띄게 증가했을 뿐만 아니라 심지어 피부가 검은 아기가 태어났습니다. 잠재적 환자의 수가 수천에서 1만 명에 이른다는 이 질병의 원인은 과연 무엇이었을까요?

기타큐슈시에 있는 가네미 회사 식용유 '가네미 라이스 오일'에 폴리염화 바이페닐PCB이 흘러들어간 것이 사건의 발단이었습니다. 당시 식용유의 탈취 공정의 하나로, 탱크 내부의 파이프를 통하여 가열한 PCB를 순환시키는 과정에서, 파이프에 구멍이 뚫려서 제조 중이던 식용유에 PCB가 흘러들어간 것입니다.

PCB는 1929년에 미국의 스완사Swann Chemical Co.(이후 몬산토사Monsanto Co.에 합병)가 제조한 물질입니다. 열과 화학적으로 안정되어 있어서 변전소의 대형 변압기나 전기 기기의 절연유, 인쇄 잉크, 복사지 등에도 널리 사용되었습니다. 일본에서는 1972년에 제조 금지 명령이 내려질 때까지 약 5만 9,000톤이 제조되었다고 추정합니다. 또 북미에서는 1977년에 제조 금지가 내려질 때까지 약 64만 톤이 제조되었고, 그중 3분의 1 정도가 환경에 방출되었다고 합니다. 그리고 지금까지 해양 환경 문제로 거론되고 있습니다. 무엇보다 PCB는 쉽게 분해되지 않아서 무해 물질로 변환할 수 없으며, 태웠을 때 위험한 다이옥신을 발생시킵니다.

3·11의 교훈

2011년 3월 11일 오후 2시 46분경에 발생한 대지진과 쓰나미로 인하여 도쿄 전력 후쿠시마 제1원자력 발전소가 파괴되었고 결국에는 수소 폭발을 일으키고 말았습니다. 그 결과 다량의 방사성 물질이 인근 환경으로 확산하였습니다. 일본인이라면 당시의 일들이 어떻게 진행되었는지를 매스컴과 텔레비전을 통해서 두려움을 가지고 똑똑히 지켜보았을 것입니다. 그것을 절대로 잊어서는 안 된다고 생각합니다.

만일 방사성 물질의 미립자가 우리 몸에 침입했거나 혹은 방사성 물질에 오염된 물을 마셨거나 음식물을 통해서 체내에 방사성 물질이 들어왔다면, 방사성 물질은 우리 몸 안에서 계속 방사선을 방출합니다. 이것을 '내부 피폭'이라고 합니다. 후쿠시마 원전 사고에서 방출된 주된 인공 방사성 핵종은 방사성 크립톤, 제논, 아이오딘-131, 세슘-137, 플루토늄-239였습니다. 이 중에서 방사성 크립톤과 제논은 상온에서도 기체여서 원전 사고 때 거의 전량이 방출되었습니다. 그 때문에 방사성 구름이 지나갈 때는 강한 방사선을 방출하지만, 통과 후에는 남지 않습니다.

또 플루토늄-239는 무게가 매우 무거워서 폭발할 때 그다지 멀리 방출되지 않고, 대부분은 원자력 발전소 부지 주변에 남았다고 예상됩니다.

하지만 아이오딘-131은 섭씨 184도에서 기체가 되며, 세슘-137도 섭씨 678도에서 기체가 됩니다. 따라서 이번 원전 사고에서 거리가 먼 곳까지 넓은 범위로 방출되었으며, 비와 섞여서 지상으로 떨어졌다고 생각됩니다. 그래서 이번에 특히 문제가 된 것도 아이오딘-131과 세슘-137입니다.

천연 아이오딘은 안정된 아이오딘-127이며, 아이오딘-131처럼 방사성 아이오딘은 존재하지 않습니다. 원래 아이오딘은 사람에게 있어서 필수 미량 원소로서 갑상선에 모여서 갑상선 호르몬(L-티록신 등)의 합성에 중요한 역할을 합니다. 이 때문에 호흡이나 물, 음식을 통해서 방사성 아이오딘-131을 섭취했을 때, 우리 몸은 안정된 동위 원소의 아이오딘과 마찬가지로 아이오딘-131도 갑상샘으로 모으기 때문에 갑상샘이 집중적으로 피폭됩니다. 아이오딘-131의 반감기는 8일로 짧지만, 그 영향으로 유전자에 상처가 생기면 갑상샘암을 일으킬 수 있습니다.

한편, 세슘-137이 몸 안으로 들어오면 혈액을 따라 흐르면서 몸 밖으로 방출되기까지 100~200일에 걸쳐서 베타선과 감마선을 방사합니다. 베타선은 전자, 감마선은 전자파인데, 내부 피폭이 원인이 되어 건강에 심각한 위험을 가져옵니다. 세슘-137은 칼륨과 치환하여 근육에 축적되며 얼마 후에 신장을 거쳐서 몸 밖으로 배출됩니다. 또 세슘-137은 토양 입자와 결합하기 쉬워서 지표면에서 씻겨나가지 않고 그 자리에 오랫동안 머무는 성질이 있습니다. 세슘-137의 반감기는 30년이나 되므로 지면에서 방사선을 계속 방출하며 농작물에도 침투하여 오랜 기간에 걸쳐 오염의 원인이 됩니다.

L-티록신의 화학 구조

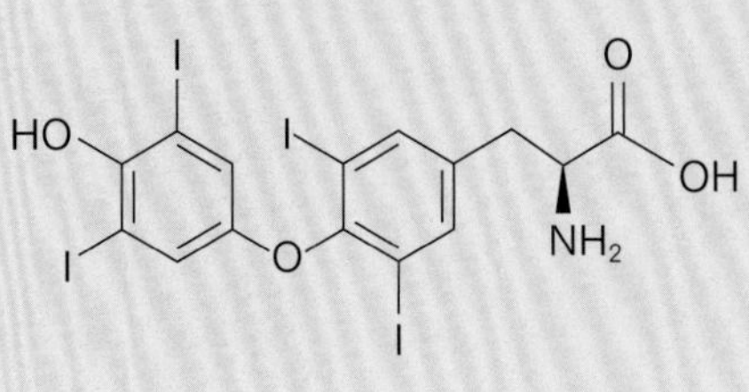

제2장

독이란 무엇인가?

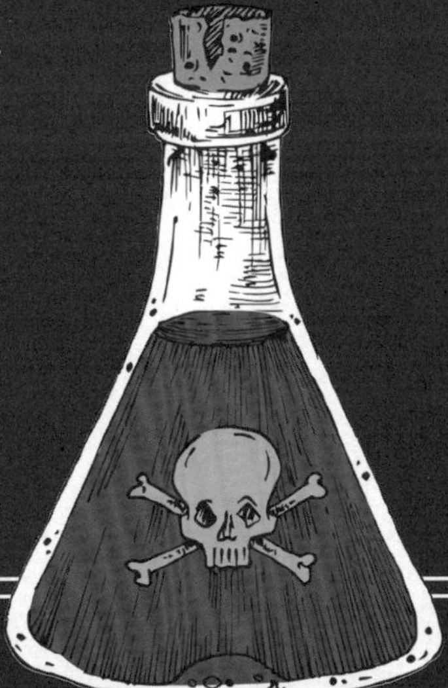

독이란 '사람에게 해를 끼치는 것'이라고 정의를 내리면 독의 본모습을 알기가 어렵습니다. 그래서 2장에서는 독을 다양한 갈래로 분류하여 생각해 보겠습니다. 즉, 독의 기원에 따른 분류, 침입 경로에 따른 분류, 작용에 따른 분류, 증상에 따른 분류, 법규에 따른 분류, 사용 목적에 따른 분류, 그리고 화학적 성질에 따른 분류입니다. 궁극적으로 독이란 무엇인지에 대해서, 그리고 독이 어떻게 변화되어 왔는가에 대해서 생각해보겠습니다. 또한, 알칼로이드에 대한 설명도 덧붙이겠습니다.

기원에 따른 독의 분류

독은 자연계에 존재하는 '자연 독'과 사람이 가공하여 만든 '인공 독'으로 나눌 수 있습니다. 자연 독은 그 유래에 따라서 동물 독, 식물 독, 미생물 독, 광물 독으로 나뉩니다. 미생물 독에는 보툴리눔 독소, 콜레라 독, 곰팡이 독 등이 있으며, 광물 독에는 수은, 납, 카드뮴 등이 있습니다. 화경버섯이나 마귀광대버섯 등의 버섯 독은 미생물 독으로 분류해도 좋지만, 식중독 통계에서는 편의상 식물 독으로 분류합니다.

한편 인공 독에는 접착제나 도료의 용매에 사용되는 톨루엔 등 산업이 발전함에 따라서 생산된 공업용 화합물과 염소 가스, 사린 등 화학 무기로 사용된 것이 있고, 그 외 농약이나 식품 첨가물, 살충제 등이 있습니다. 일본어로는 이들 모두를 '독'이라고 하지만 영어로는 유래에 따라서 '포이즌poison', '톡신toxin', '베놈venom'과 같이 세 종류로 부릅니다.

포이즌은 자연 독과 인공 독 모두를 포함합니다. 톡신은 자연 독 유래의 독, 즉 동물 독, 식물 독, 미생물 독 등을 가리킵니다. 의미상 '독소', '생물 독'에 가까워서 이러한 독을 연구하는 학문을 toxicology, 독물학, 중독학, 독성학이라고 합니다. 최근에는 toxinology, 즉 독소학이라는 말도 사용합니다. 세 번째인 베놈은 동물 독 중에서 특히 독뱀이나 전갈, 벌 등의 독선에서 분비되는 독액을 말합니다. 영어에서 세 종류의 독의 관계는 다음과 같습니다.

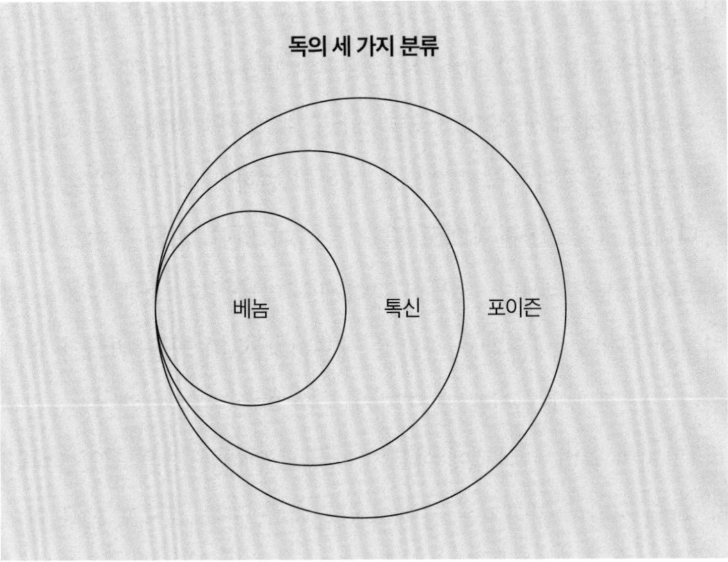

침입 경로에 따른 독의 분류

독물은 여러 가지 경로로 침입합니다.

먼저 입으로 침입하는 경우입니다. 의식적으로 실시할 때는 '경구 투여' 혹은 '복용'이라고 말하며, 흔히 우리가 알약이나 물약을 먹을 때의 방법입니다. 사람에게는 특별한 도구가 필요하지 않지만, 실험용 쥐에게는 존데sonde라고 하는 끝이 둥글고 두꺼운 주사기 같은 도구를 사용하여 투여합니다.

주사기를 이용하는 방법으로는 정맥 주사, 근육 주사, 피하 주사, 그리고 복강 내 주사나 척추강 내 주사, 동맥 주사, 심장 내 주사 등의 투여법이 있으며 각각 특징이 있습니다. 정맥 주사, 근육 주사 및 피하 주사는 먹는 약과 달리 소화액의 영향을 받지 않고 곧바로 간을 통과하지 않으므로 약물의 변화도 적다고 말할 수 있습니다. 그리고 일반적으로 경구 투여에 의한 독물 투여보다 정맥 투여(정맥에 주사)가 독성이 강하게 나타납니다. 정맥 주사는 화합물이 곧바로 체순환을 하므로 작용이 빠르며 약물 변화가 없습니다. 또 조직의 괴사를 일으키기 쉬운 약물도 투여할 수 있습니다. 하지만 곧바로 심장에 이르기 때문에 위험한 경우도 있습니다. 또 작용 시간이 짧아지는 경향이 있습니다. 근육 주사도 근육 안에는 혈관이 많아서 흡수가 빠릅니다. 기름성이나 현탁액은 근육 안에서 천천히 흡수되므로 지속 시간을 늘릴 수 있지만, 다량의 액을 주입할 수는 없습니다. 피하 주사의 경우에는 약물이 모세 혈관에서 흡수되므로 흡수가 쉽습니다. 하지만 기름성 약물의 경우에는 혈관에 들어가면 혈전을 일으킬 위험이 있습니다.

한편, 동물에게는 특수한 부위에 투여할 때가 있습니다. 예를 들어 실험에 자주 이용되는 실험용 쥐에게 정맥 주사를 투여할 때는 꼬리 안의 정맥에 일반 주사보다 가는 주사침을 이용합니다. 피하 주사는 등가죽을 잡고 그 피부 밑에 주사합니다. 또 복강 내 투여법이 자주 이용됩니다. 이때 일반 주삿바늘보다 짧은 주삿바늘을 이용하여 배에 투여합니다. 이 방법을 사용하면 약물이 복강 내의 혈관을 통해 들어가 정맥 투여에 가까운 효과를 얻을 수 있습니다.

독뱀에 물렸거나 독화살에 찔린 경우가 근육 주사에 의한 투여와 비슷합니다. 근육으로 침입한 독은 혈관으로 흡수되어 온몸으로 퍼집니다.

한편 사람에게는 항문이나 질에 좌약으로 투여하거나 관장을 하는 방법이 있으며, 항문 좌약은 해열제를 투여할 때에도 응용됩니다. 미국의 유명한 여배우인 마릴린 먼로가 과다한 수면제를 관장 투여하여 사망했다는 설도 있습니다.

수렵에서 사용하는 화살 독은 혈관 내에 들어갔을 때만 독성이 나타나며 경구 투여로는 독성이 나타나기 어려울 때가 있습니다. 독화살로 잡은 사냥물을 먹어도 괜찮은 이유입니다.

알지 못하는 사이에 유독 화합물이 우리 몸 안에 침입하는 방식 중에서 가장 두려운 것은 독가스입니다. 호흡을 통해서 폐로 들어가고 폐혈관을 통해서 온몸으로 퍼집니다. 또 피부를 통해서 침입하는 독가스도 있습니다. 사람이 청산 칼륨을 먹으면 위산과 청산 칼륨이 반응하여 청산(사이안화 수소) 가스가 발생합니다. 이 가스가 식도를 타고 올라가 기관으로 들어가고, 폐에 이르러 혈액 속에 침입하여 온몸을 돌게 됩니다.

작용에 따른 독의 분류

독이 생물의 몸에 어떻게 작용하는가? 그 분류 방법에는 몇 가지 종류가 있습니다. 차례대로 설명을 해보겠습니다. 독의 작용에 따라서 크게 신경독, 혈액독, 세포독과 같이 세 종류로 나눕니다.

우선 신경독이란 몸에 들어왔을 때 신경계를 손상시키며 생명이 위험할 수 있습니다. 신경독으로는 복어 독의 테트로도톡신, 코브라나 바다뱀 독, 전갈 독, 담배에 포함된 니코틴, 마귀광대버섯이나 말똥버섯 등의 버섯 독 등이 있습니다.

작용에 따른 독의 분류

	작용	예
신경독	신경계를 손상시키며 신경의 정보 전달과 전도를 저해한다. 근육을 움직이는 명령이 전해지지 않아서 마비나 경련, 호흡 곤란, 심부전을 일으키거나, 혹은 정신 착란을 일으키는 것도 있다.	복어 독, 코브라 독, 바다뱀 독, 전갈 독, 말벌 독, 말똥버섯 독, 마귀광대버섯 독, 사린, 담배에 포함된 니코틴, 모르핀, 스트리크닌, 디기탈리스, 맥각 독
혈액독	산소를 운반하는 적혈구를 파괴하거나 그 움직임을 저해한다.	살무사, 독사, 반시뱀 독, 일산화 탄소
세포독	세포막을 파괴하거나 세포막의 효소의 작용을 저해한다. 또 DNA의 유전 정보에 문제를 일으켜서 암 또는 기형을 발생시키는 일도 있다.	비소, 아비산, 비소 화합물, 유기 수은, 탈리도마이드, 발암성 물질

신경의 움직임을 저해하는 방식으로는 두 가지 종류가 있습니다. 뉴런과 뉴런 사이의 시냅스에서 신경 전달 물질을 주고받는 것을 저해하는 경우와 뉴런의 신경 돌기(축삭 돌기)에서 전기 신호의 전달을 저해하는 경우입니다. 전자의 경우 대표적인 독은 신경가스인 사린이며, 전달 물질인 아세틸콜린의 분해를 저지하기 때문에 시냅스에 아세틸콜린이 과다한 상태가 되어 흥분 상태에 빠집니다. 한편 화살 독의 *d*-투보큐라린은 아세틸콜린이 결합할 수용체와 미리 결합하여 전달을 저해합니다. 후자의 경우에 대표적인 독은 복어 독인 테트로도톡신입니다. 나트륨 채널(양전하의 나트륨 이온의 출입을 조절하여 신경 세포의 활동 전위를 일정하게 유지하기 위한 문)을 막아버리기 때문에 활동 전위가 발생하는 것을 저해합니다. 한편 바꽃의 독인 아코니틴은 나트륨 채널을 활짝 연 상태를 만듭니다. 그 결과 세포 안에 나트륨 이온이 다량으로 유입되어 버립니다.

두 번째의 혈액독은 혈액에 작용합니다. 혈액 안에는 산소를 운반하는 적혈구가 있는데 그 적혈구를 파괴해서 움직임을 저해합니다. 또한, 일산화 탄소가 혈액에 들어오면 원래 산소와 결합해야 할 헤모글로빈이 일산화 탄소와 강하게 결합하기 때문에, 산소가 각 조직의 세포에 운반되지 못합니다. 이것이 일산화 탄소 중독의 원인이며 일산화 탄소가 헤모글로빈과 결합하는 힘이 산소보다 200배나 크기 때문에 일어납니다.

세 번째는 세포독입니다. 사람 몸을 형성하는 단위인 세포는 단백질을 합성하거나 산소를 받아들여서 에너지 대사를 하거나 유전 정보인 DNA를 복제하는 일을 담당합니다. 이러한 작용을 저해하는 것이 세포독입니다. 암을 유발하는 발암성 물질, 기형을 유발하는 탈리도마이드, 유기 수은 등이 대표적인 예입니다.

이러한 독성은 특정 장기에 집중되어 나타날 때가 있는데, 이 경우에 장기의 이름에 독을 붙여서 심장독, 간장독, 신장독과 같이 부릅니다.

증상에 따른 독의 분류

독의 증상이 나타나는 시간에 중점을 두고 독을 분류해 보겠습니다. 독성이 증상으로 나타날지 어떨지는 우선 독의 양이 문제가 되며, 소위 '역치'(생물체가 자극에 대한 반응을 일으키는 데 필요한 최소한도 자극의 세기를 나타내는 수치-역주) 이하이면 독성이 나타나지 않습니다. 그리고 비교적 짧은 시간에 바로 작용하는지, 아니면 조금씩 오랜 시간에 걸쳐서 영향이 나타나는지에 따라서 급성독과 만성독으로 나눕니다.

신경가스의 사린, 디기탈리스의 심장독은 곧바로 작용을 일으키는 대표적인 급성독입니다. 한편, 만성독은 몸 안에 들어간 화합물이 바로 독성을 나타내지 않고 '천천히' 영향을 끼칩니다. 얼마

증상에 따른 독의 분류

급성독	몸 안에 들어오면 바로 독성이 나타난다. 사린의 신경독, 디기탈리스가 심장에 작용하는 독성 등이다. 바꽃의 독도 비교적 작용이 빠르다. 아비산처럼 다량일 때는 급성독, 소량일 때는 천천히 퍼지는 독도 있다.
만성독	몸 안에 들어와서 바로 독성이 나타나지 않고 천천히 해치는 독이다. 발암성 물질, 간 기능 장애를 가져오는 약물 등이다.
지연독	독과 접촉해도 수십 년간 증상이 나타나지 않거나 혹은 다음 세대에 기형을 가져오는 독이다. 석면, 탈리도마이드 등이다.

동안 시간이 지나고 나서 장기에 장애를 일으키는 발암성 물질이나 간 기능 장애를 일으키는 약물 등이 대표적인 예입니다(저는 그런 의미에서 '천천히 퍼지는 독'이라고 부르고 있습니다).

아비산은 비소의 산화물인데 다량일 때는 급성독으로, 소량일 때는 천천히 작용합니다.

독과 접촉해도 바로 증상이 나타나지 않다가 시간이 훨씬 지나고 나서 증상이 나타나는 것을 '지연독'이라고 합니다. 예를 들어 석면 등은 흡입 후 수십 년의 잠복기를 거쳐서 폐암 등을 일으킵니다. 또 탈리도마이드라는 수면제는 그것을 복용한 본인이 아니라 태아가 기형으로 태어날 확률이 높아지므로 역시 지연독이라고 볼 수 있습니다.

같은 독이라도 증상이 어떻게 나타나는가에 따라서 독성을 자극성, 면역 독성, 유전 독성, 발생 독성(최기성), 생식 독성으로 나누기도 합니다.

자극성이란 피부나 입의 점막 등에 투여된 물질에 의해서 염증이 생기는 것을 말합니다. 물질 그 자체에 의한 급성 독성을 '1차 자극성'이라고 하며 그것이 알레르기 반응을 일으키는 것을 '감작성'(항원이 생체에 들어가 항체가 생산되도록 하는 성질-역주)이라고 합니다. 황산, 질산 등의 강산과 수산화 나트륨 등의 강알칼리에 의해서 피부나 점막이 응고되고 붕괴, 괴사를 일으킬 때는 '부식성'이라고 합니다. 독사나 반시뱀 등에 물려서 피부가 헐고 짓무르는 것을 '미란성'이라고 합니다.

면역 독성이란 면역 기능의 억제나 알레르기 반응을 일으키는 것을 말하며, 유전 독성은 유전자 또는 염색체 이상을 가져오는 경우를 말합니다. 발생 독성은 모체 자체보다는 태아 발달에 악영향을 끼치거나 태아에게 기형을 유발하는 성질이 있습니다. 생식 독성이란 생식에 관한 악영향, 예를 들어 내분비계 교란 화학 물질(환경 호르몬)처럼 생식 능력이나 불임에 영향을 끼치는 독성을 말합니다.

법규에 따른 독의 분류

독이 법률에 따라 어떻게 정해지며 규제되는지에 대해서 살펴보겠습니다. 법률상 화학 물질은 '의약품', '의약 외품' 및 '의약용 외의 화학 물질'과 같이 세 종류로 나눕니다(다음 표 참조).

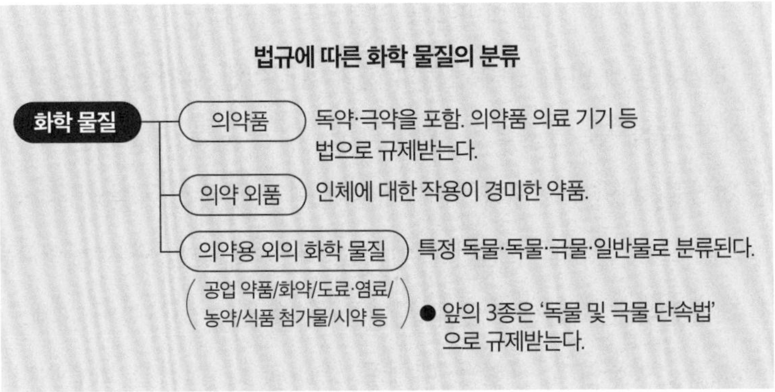

이 중에서 의약 외품은 '인체에 대한 작용이 경미한 약품'이라고 정의하기 때문에 독에 포함되지 않습니다.

의약품 중에서 독성이나 작용이 강해서 사람과 동물에게 위해를 가할 수 있고 위험하다고 여겨지는 약품에 대해서, 후생노동대신이 독약 또는 극약이라고 지정하도록 되어 있으며, '의약품 의료 기기 등 법'으로 규제됩니다.

독약은 피하 주사로 반수 치사량(LD_{50} 값: '치사량은 어떻게 알 수 있을까?'에서 설명)이 대체로 20mg/kg 이하, 극약은 대체로 200mg/kg 이하인 경우 지정됩니다. 독약의 용기 라벨에는 검은색 바탕에 흰색 테두리 안에 약품 이름과 '독'이라는 글자를 흰색으로 적어 놓았으며, 극약 용기의 라벨에는 흰색 바탕에 붉은 테두리 안에 약품 이름과 '극'이라는 글자가 붉은색으로 적혀 있습니다. 또 약국에서는 독약과 극약을 다른 약품과 구별하여 보관하도록 규정하고 있습니다. 당연한 이야기지만 의약품을 취급하는 전문가는 약사입니다.

그렇다면 세 번째 의약용 외의 화학 물질이란 무엇일까요? 의약 이외의 목적으로 사용되는 공업 약품, 화약, 도료, 염료, 농약, 식품 첨가물, 시약 등이 포함되며, 독성에 따라서 특정 독물·독물·극물·일반물로 분류되어 일반물 이외는 '독물 및 극물 단속법'의 규제 대상입니다. 독물이란 경구 투여를 할 때 반수 치사량이 대체로 50mg/kg 이하이며, 극물은 대체로 300mg/kg 이하를 말합니다. 독성이 매우 강하고 위험성이 큰 독물은 특정 독물이라고 합니다.

독극물을 취급하는 작업장에서는 독극물 취급 책임자로서 약사 또는 독극물 취급 자격증 소지자 등을 두어야 합니다. 이들 의약용 외의 화학 물질의 유해 물질은 종류에 따라서 '농약 단속법', ' 식품위생법', '노동 안전 위생법', 소방법이나 고압가스 보안법 등의 단속 대상이 됩니다.

그 외의 독과 관련된 법규로는 마약이나 각성제 등의 법률이 있습니다. 이들은 모두 특수한 독이기 때문에 7장에서 다루겠습니다.

독극약의 취급('의약 137 의료 기기 등 법'에 의거)

독약의 용기 라벨에는 검은색 바탕에 흰색 테두리 안에 약품 이름과 독이라는 글자를 흰색으로 적게 되어 있다. 한편, 극약의 용기 라벨에는 흰색 바탕에 붉은 테두리 안에 약품 이름과 극이라는 글자를 붉은색으로 적는다. 독극약은 약국 등에서는 다른 약품과 구별하여 보관하도록 되어 있다.

독약의 용기에
표시하는 표식 예

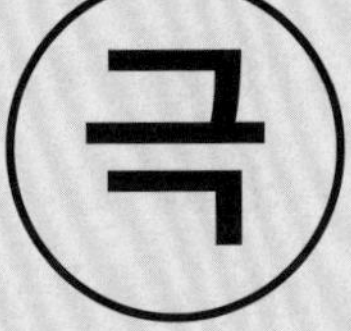

극약의 용기에
표시하는 표식 예

사용 목적에 따른 독의 분류

독은 사용 목적에 따라서 살충제, 화학 무기, 의약품, 제초제, 살균제, 쥐약, 어독, 화살 독 등으로 분류할 수 있습니다. 하지만 독 중에는 살충제에서 화학 무기로 변화했거나 화학 무기에서 의약품으로 다시 개발된 것도 있습니다. 독은 인간이 그렇게 이름을 붙였을 뿐, 처음부터 각각의 화합물에 독 혹은 살충제, 어독이라는 이름이 붙은 것은 아닙니다.

예를 들어 치클론 B는 흡착제에 청산 화합물과 안정제, 경고용

취기제(안전을 위해 냄새가 없는 가스에 첨가하여 냄새가 나게 하는 물질-역주) 등을 섞어 캔으로 밀봉한 것인데, 원래는 발진티푸스를 매개하는 해충을 없애는 데 효과가 있다고 알려져서 1923년에 상품화되었습니다. 하지만 이후에 아우슈비츠 등의 강제 수용소에서 유대인 대학살에 사용되었습니다.

흔히 독이라고 알고 있지만 어떤 상황에서는 사람에게 도움이 되는 것도 있습니다. 살충제, 살균제, 제초제 등은 해충이나 균, 잡초에는 '독'일 뿐입니다. 하지만 사람에게 도움을 주기 때문에 '농약'이라고 부릅니다. 사실은 해충이나 세균, 잡초라는 이름도 사람이 붙인 것입니다. 사람의 관점에서 이런 이름을 붙이고 병충해를 방제한다고 말하는 것도 좀 억지스러운 것 같습니다.

화살 독이나 어독처럼 사냥이나 물고기를 잡을 때 사용하는 독도 있습니다. 사냥에 사용되는 화살 독 중에는 강력한 근육 이완 작용을 하는 효과가 있어서 근대 의약에서 수술 등에 이용되기도 했습니다. 이처럼 상황에 따라서 독이 되기도 하고 약이 되기도 하는데, 사실 이들은 서로가 꽤 복잡하게 얽혀 있습니다.

한편, 의약품 중에는 항생 물질이 있습니다. 1943년에 스트렙토마이신 발견에 힘쓴 셀먼 왁스먼Selman A. Waksman은 1942년에 항생 물질에 대해서 '미생물이 생산하고 다른 미생물의 생육을 저지하거나 사멸시키는 화합물'이라고 정의했습니다. 이러한 성질을 갖는 화합물 중에서 사람에게는 별로 독성을 나타내지 않는 물질이 의약품으로 활용되고 있습니다. 항균성 항생 물질이란 그야말로 항생 물질이 균에 대한 독 작용과 사람에 대한 독 작용의 차이인 선택적 독성을 이용한 것입니다.

다른 한편, 미생물이 생산하는 생물 활성 성분의 응용이 다방면으로 확대되어, 항균 작용을 거의 나타내지 않는 '항생 물질'도 많이 있습니다. 메바로친(프라바스타틴 나트륨)은 콜레스테롤 항균 작용이 아니라 생합성 저해 작용을 주로 하는 항생 물질입니다.

결국, 항균 활성이 있거나 효소 저해 활성이 있거나 혹은 항암 활성이 있는 항생 물질을 탐색하는 일은 균이나 효소, 암세포에 대한 독을 탐색하는 일부터 시작하는 경우가 많습니다. 약을 탐색하는 과정과 독을 탐색하는 과정 사이에는 경계가 없다는 것을 말해 줍니다.

화학적 성질에 따른 독의 분류

이번에는 화학적 성질에 따라서 독을 분류해 보겠습니다.

화합물은 무기 화합물과 유기 화합물로 나뉩니다. 유기 화합물의 정의는 '화합물의 골격에 탄소 원자를 포함한다.'라고 할 수 있겠습니다. 유기 화합물 중에서 독이 되는 종류가 압도적으로 많지만, 독작용이 강한 무기 화합물로는 일산화 탄소, 이산화 황, 플루

오린화 수소(불화 수소), 아비산, 청산 화합물 등이 있습니다.

유기 화합물에는 골격을 이루는 탄소 외에 수소나 산소가 많이 들어 있으며, 그다음으로 질소가 들어 있을 가능성이 큽니다. 생물 활성이 있는 유기 화합물 중에는 질소가 들어 있는 것도 많으므로, 표에 나타낸 것처럼 질소의 유무에 따라서 분류하면 편리합니다. 질소를 함유한 유기 화합물은 아미노산·펩타이드·단백질 및 DNA나 RNA 등의 핵산, 그리고 알칼로이드로 분류됩니다.

분자 중에서 질소가 들어 있지 않은 유기 화합물로서 독이 있는

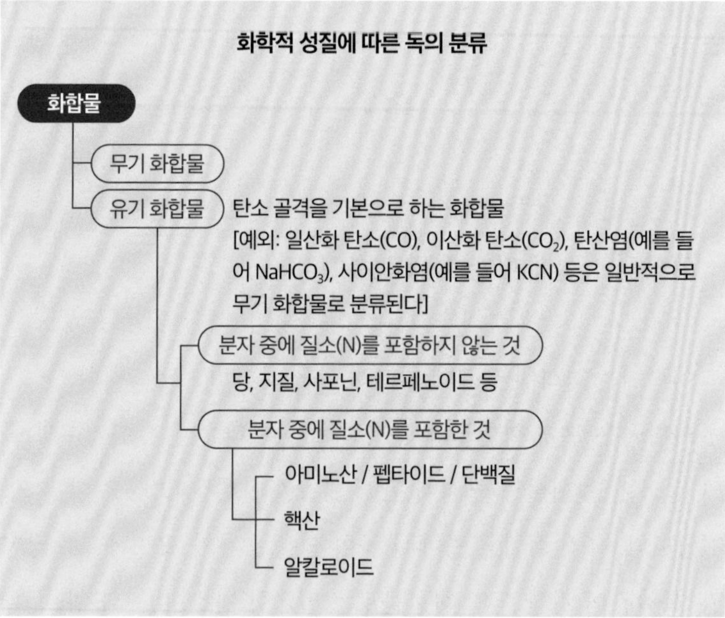

것은 유독 식물인 디기탈리스에 포함된 디기톡신이나 독공목毒空木: *Coriaria japonica*에 포함된 코리아밀틴Coriamyrtin 등이 있습니다. 한편 분자 중에 질소가 들어 있는 화합물 중에는 뱀독이나 버섯 독, 벌의 독 등에 펩타이드류로 분류된 것이 많습니다. 이들을 제외한 독이라고 알려진 화합물 중에는 알칼로이드로 분류되는 것이 압도적으로 많습니다.

알칼로이드란 무엇인가?

앞에서 설명했듯이 분자 중에서 질소 원자가 들어있는 유기 화합물, 그중에서 아미노산, 펩타이드, 단백질, 그리고 핵산의 대부분을 제외한 화합물군을 통틀어 알칼로이드라고 합니다. 따라서 알칼로이드란 상당히 넓은 범위의 화합물의 총칭입니다. 알칼로이드의 의미는 '알칼리성을 띠는 것'이었습니다. 알칼로이드는 지금까지 3만 종 이상이 보고되었습니다.

알칼로이드란 말이 생소하다는 분도 계실지 모르겠는데, 여러분이 매일 마시는 커피나 홍차에 포함된 카페인과 담배에 포함된 니코틴 역시 알칼로이드입니다.

모르핀, 퀴닌, 코카인, 에페드린, 코닌, 테트로도톡신(복어 독), 솔라닌(감자 싹의 독), 아코니틴(바꽃의 독), 비타민 B_1, 아트로핀, 히스타민, 베르베린, 이노신산(가다랑어포의 감칠맛 성분), 콜히친, 인디고(짙은 청색 염색에 쓰이는 색소 성분), 스트리크닌도 알칼로이드입니다. 앞에서 독성이 강한 독 이름을 제시했는데, 이들 화합물 중에 알칼로이드에 속하는 것이 많다고 이야기했습니다.

알칼로이드가 생합성될 때는 아미노산에서 비롯된 경우가 많습니다. 잘 알려진 모르핀이나 메스칼린mescaline의 경우에는 페닐알라닌, LSD의 원료인 맥각 알칼로이드의 경우에는 트립토판, 코카인의 경우에는 아르기닌을 출발 물질로 해서 생합성됩니다.

직장인의 하루와 알칼로이드

알칼로이드가 우리 생활과 얼마나 밀접한 관련이 있는지를 나타내기 위해서, K씨의 하루를 예로 들어 알칼로이드와의 관계를 살펴보겠습니다.

K씨는 아침에 일어나자마자 담배를 한 대 피웁니다. 이때 그의 체내로 니코틴이라는 알칼로이드가 흡수됩니다. 아침밥은 7시에 밥과 가다랑어포로 국물을 낸 된장국과 쌀겨 장아찌를 먹습니다. 이때 된장국 안의 이노신산과 쌀겨 장아찌의 비타민 B_1이 체내로 들어갑니다. 8시 30분에 회사에 출근하여 마시는 따뜻한 녹차에는 카페인과 테오브로민, 테오필린이라는 알칼로이드가 함유되어

K씨의 하루 행동과 관련된 주요 알칼로이드

시간	행동	알칼로이드
6:30	기상 후 흡연	니코틴
7:00	아침 / 가다랑어포로 국물을 낸 된장국, 따뜻한 밥, 쌀겨 장아찌, 생선 구이	이노신산, 비타민 B_1
8:30	회사에 출근하여 따뜻한 녹차	카페인, 테오브로민, 테오필린
12:10	점심 / 사내 식당에서 스테이크(후추)	피페린, 트리코스타틴
15:00	휴식 시간에 커피	카페인, 테오브로민, 테오필린
16:00	소화제로 정로환을 복용	베르베린
20:00	퇴근 후, 폴로셔츠와 청바지로 갈아 입고 친구들과 피자를 먹음	인디고, 캡사이신
23:00	귀가, 감기 기운이 있어서 갈근탕을 복용하고 취침	에페드린

있습니다. 점심에는 스테미나에 좋은 스테이크를 먹으면서 후추를 담뿍 뿌렸는데, 후추에는 피페린, 트리코스타틴이라는 매운맛의 알칼로이드가 들어 있습니다. 오후에는 커피를 한 잔 마시는데, 역시 카페인계의 알칼로이드가 들어 있습니다.

오후 늦게 평소에 잘 먹지 않던 스테이크를 먹은 탓인지 배가 더부룩하여 정로환을 복용하였습니다. 정로환에는 알칼로이드의 베르베린이 함유되어 있습니다. 퇴근하여 집에 돌아온 후에 폴로셔츠와 청바지로 갈아입고 전부터 약속했던 친구들과 함께 피자를 먹으러 갔습니다. 청바지의 염색에는 인디고라는 알칼로이드가 사용됩니다. 친구들과 피자를 먹을 때 핫소스를 뿌렸는데 핫소스의 매운맛을 내는 캡사이신도 알칼로이드입니다. 오후 11시에 집에 돌아왔을 때, 얇은 셔츠에 찬 공기를 쐰 탓인지 감기와 몸살 기운이 좀 있었습니다. 그래서 평소 애용하는 갈근탕을 마시고 잤습니다. 갈근탕은 계지(계피나무 가지)에 갈근과 마황 등을 배합하여 만들며, 마황에는 알칼로이드인 에페드린이 함유되어 있습니다.

K씨의 하루는 얼핏 봐도 특별해 보이지 않습니다. 흔히 보는 일상적인 모습입니다. 하지만 생활 속에서 실로 다양한 알칼로이드와 접하고 있습니다.

그리고 우리 몸 안에 존재하는 신경 전달 물질인 아드레날린, 노르아드레날린, 아세틸콜린, 세로토닌, 도파민, GABA도 알칼로이드의 일종입니다.

짐독은 전설이 아니었다

남미에는 '코코이kokoi'라는 선명한 색을 띤 개구리가 서식하는데 피부에서 유독 물질을 분비합니다. 원주민들은 그 분비물을 화살 독으로 사용합니다. 그래서 코코이를 독화살개구리라고 부르기도 합니다. 미국의 국립위생연구소NIH에서 이 유독 물질을 연구하여, 1969년에 주된 유독 성분인 알칼로이드의 바트라코톡신이 보고되었습니다. 바트라코톡신의 LD_{50} 값은 2㎍/kg(마우스 피하 주사)로 강력합니다. 또 부성분으로 호모바트라코톡신이 얻어지며 호모바트라코톡신의 LD_{50} 값은 3㎍/kg(마우스 피하 주사)로 보고되었습니다.

독화살개구리의 일종. (*J.Nat.Prod.*,73(3), 2010의 표지)

일본과 중국에는 짐독鴆毒이라는 말이 있습니다. 짐독은 '짐'이라는 독이 있는 새의 이름을 딴 것으로 날개에 맹독이 있다고 전해집니다. 짐독에 대한 기록은 중국의 유명한 약학서인 『본초강목本草綱目』에도 나와 있는데, 뱀잡이수리처럼 몸이 큰 새 그림과 함께 실려 있습니다. 이 책의 기록에 따르면 짐독은 남방에 서식하며 독뱀을 잡아먹고 그 독을 몸 안에 축적하기 때문에 독성을 갖는다고 합니다. 짐독을 사용한 암살법을 짐살이라고 하며, 이 암살법은 중국이나 일본의 고서와 고전소설에 자주 등장합니다. 일본에서도 원인을 알 수 없는 죽음에 대해서 짐독을 의심하는 일이 많았다고 합니다.

바트라코톡신과 호모바트라코톡신의 화학 구조

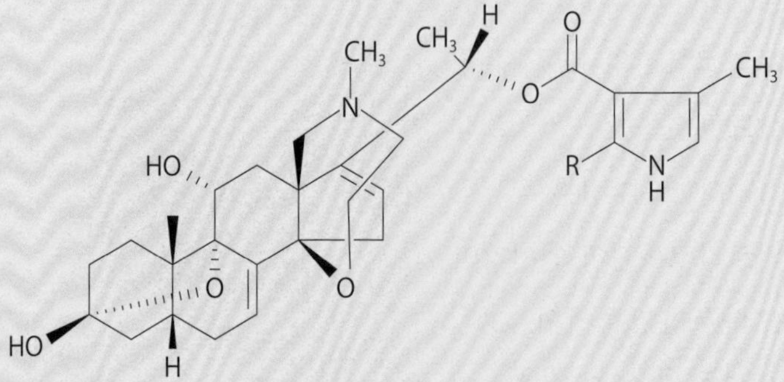

바트라코톡신 R = CH_3
호모바트라코톡신 R = CH_2CH_3

그러나 오랫동안 독성을 지닌 새의 이야기는 황당무계한 것으로 여겨져 왔습니다. 짐독은 새의 독이 아니라 새의 날개에 아비산이 묻은 것이라는 주장과 바꽃의 독일 것이라는 주장 등이 유력했습니다.

하지만 1992년에 독성을 지닌 새가 실제로 존재한다는 사실이 시카고대학의 연구자에 의해서 확인되었습니다. 뉴기니의 정글에 서식하는 조류 중에서 날개, 피부, 근육 등에 유독 물질을 지닌 세 종류의 새들이 알려진 겁니다. 이들 모두는 피토휘속*Pitohui*의 선명한 색채를 띱니다. 새들의 이름은 다음과 같습니다. '후디드 피토휘hooded pitohui(*P. dichrous*)', '베리어블 피토휘variable pitohui(*P. kirhocephalus*)', '러스티 피토휘rusty pitohui(*P. ferrugineus*)'. 이 중에서 '후디드 피토휘'는 현지에서는 'rubbish bird'(쓰레기 새)라고 불리며, 피부 껍질을 벗겨내고 특별하게 조리하지 않는 한 먹을 수 없다고 합니다.

전설의 '짐독鴆毒'이 발견된 독을 가진 새 3종 (*Science*, 258, October 30, 1992의 표지)

이들 새의 독성 성분은 실험용 쥐에 대한 독성을 지표로 해서, 가스 크로마토그래피·질량 분석법GC-MS 및 얇은층 크로마토그래피법TLC을 이용하여 조사되었습니다. 그 결과 유독 성분은 독화살개구리에서 얻어진 바트라코톡신의 부성분인 호모바트라코톡신과 일치한다는 사실이 밝혀졌습니다. 호모바트라코톡신은 무게 65그램 정도의 후디드 피토휘 피부 껍질 날개에 15~20마이크로그램, 우근(새의 살갗에 박힌 깃털의 부분-역주)에 2~3마이크로그램이 들어 있습니다. 이러한 독의 함량은 독개구리와 비교했을 때 훨씬 적지만, 새의 유독 성분이 세계에서 처음으로 보고된 사례입니다.

이러한 보고가 짐독이 새의 독이라는 증거는 안 되지만, 적어도 독을 지닌 새가 존재한다는 주장을 그저 전설이나 황당무계한 이야기로만 여길 수 없게 되었습니다.

두꺼비 독과 '두꺼비 기름'

두꺼비의 겉껍질에서 분비되는 유액을 모아서 굳힌 것을 섬소蟾酥라고 하며 한방에서도 사용됩니다.

두꺼비의 피부선에서 분비되는 우윳빛의 액체는 채취 후 얼마 되지 않아 짙은 갈색으로 변합니다. 그리고 중국에서 서식하는 두꺼비의 피부샘 분비물을 건조시킨 것은 강심 작용에 잘 듣는 한방약으로 활용하여 판매되고 있습니다. 섬소를 배합한 한방약으로는 육신환이 유명합니다. 두꺼비의 독을 채취하는 방법에는 여러 가지가 있습니다. '거울 앞에 두꺼비를 두어서 스스로의 흉한 모습에 두꺼비가 눈물을 뚝뚝…….' 물론 이러한 방법은 아닙니다. 한 가지 방법을 소개하자면, 우선 여러 마리의 두꺼비를 상자에 넣고 작은 구멍이 뚫린 뚜껑을 덮습니다. 그리고 뚜껑 구멍에 막대기를 넣고 휘저어주면 두꺼비가 스트레스를 받아서 독액을 분비하는데 이것을 모은다고 합니다.

두꺼비의 독액에 대해서는 동서양 모두 주목해 왔습니다. 동양에서는 오래전부터 의약으로 사용했었는데, 후한(서기 200년경)의 본초서인 『신농본초경神農本草經』에는 365종의 약물이 상품·중품·하품으로 분류되어 게재되어 있습니다. 상품에 속하는 120종은 독이 없어서 오랜 기간 복용해도 괜찮은 양명약이며, 중품인 120종은 체질을 개선하고, 몸의 저항력을 높이는 양생약이지만, 독이 될 수도 있으므로 양을 조절하여 사용해야 합니다. 마지막으로 하품인 125종은 상품과 중품을 보완하는 작용을 합니다. 독성이 강해서 장기간 복용은 피해야 하지만, 병의 원인인 사독(나쁜 기운)을 제거하고 몸에 쌓인 불순물을 없애는 효과가 있어서 적극적인 치료를 할 때 사용됩니다. 두꺼비는 하품에 게재되어 있습니다. 두꺼비독에 함유된 화학 성분에는 평활근 수축, 혈압 상승, 호흡 흥분, 항이뇨 작용이 있습니다. 그중에는 환각 작용을 일으키는 알칼로이드의 부포테닌bufotenine도 있습니다. 부포테닌은 향정신 작용을 하는 버섯에 함유된 실로시빈psilocybin과 유사한 화학 구조를 띱니다.

부포테닌의 화학 구조

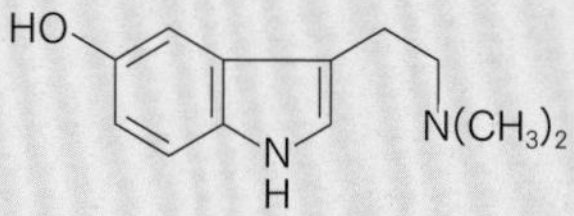

부포테닌

소위 ‘두꺼비 기름’이라는 것도 유명합니다만, 현재 판매되는 ‘두꺼비 기름’에 섬소는 들어 있지 않습니다. ‘두꺼비 기름’의 일례를 들자면 자근이나 붕산 등이 함유된 외상 연고입니다. ‘두꺼비 기름’이라는 이름이 붙여진 데에는 다음과 같은 일화가 있습니다. 치소쿠인 츄젠지知足院中禅寺(현재의 쓰쿠바산 신사)에 2대 주지인 고우요쇼닌光誉上人이라는 고승이 살았는데, 도쿠가와 이에야스의 총애를 받고 있었습니다. 그는 ‘오사카 겨울 전투’와 ‘여름 전투’ 때 선승을 기원하기 위해 종군 승려로 참전하는 한편, 후방에서는 부상병의 치료에도 힘썼습니다. 특히 그가 가져온 연고는 칼과 창에 베인 상처에 효과가 컸습니다. 그런데 쇼닌 고승은 인상이 두꺼비처럼 눈동자가 튀어나오고 얼굴에 사마귀 같은 돌기가 많아서 ‘쓰쿠바의 두꺼비 장군’이라고 불릴 정도였습니다. 그래서 ‘두꺼비 장군의 기름 약’이 줄어 ‘두꺼비 기름’이 되었다고 합니다(이시카와 모토스케石川元助, 『두꺼비 기름에서 LSD까지ガマの油からLSDまで』, 131쪽).

제3장

역사의 한 장면을 장식한 독

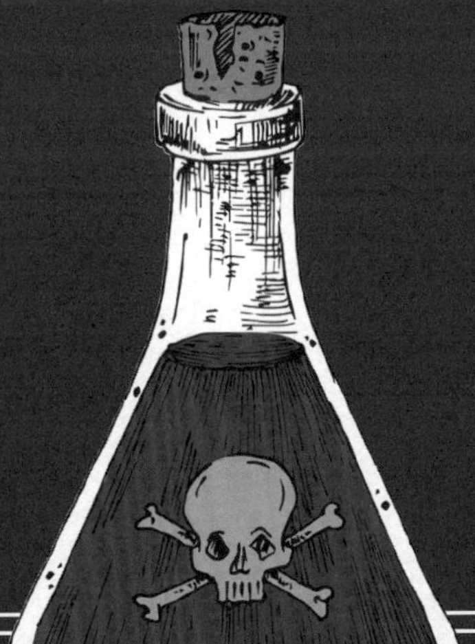

우리는 상처가 나거나 벌레에 물렸을 때, 소화가 잘 안되거나 머리가 아프면 집에 있는 상비약을 찾아 먹습니다. 그러면 대부분 염증이 가라앉고 가려움증과 불쾌한 느낌도 없어질 때가 많습니다. 하지만 인간의 오랜 역사에서 살펴보았을 때 이런 생활을 할 수 있게 된 것은 극히 최근의 일입니다.

3장에서는 동식물과 미생물, 광물, 화학 합성물을 기원으로 하는 독과 관련된 인류의 역사에 대해서 살펴보겠습니다. 현대에는 꽤 많은 독과 약이 화학적으로 합성되지만, 화학 합성된 유기 화합물을 독이나 약으로 사용하게 된 것은 19세기 중반부터입니다.

불로불사—중국 황제들의 꿈

기원전 91년 무렵에 사마천이 집필한 역사서 『사기史記』에 보면, 기원전 3세기 무렵 "진나라 시황제의 명을 받들어 서복徐福이 3,000명의 젊은 남녀와 여러 기술자와 함께 배를 타고 동방의 삼신산으로 장생불로(불로불사)의 약을 구하기 위해서 떠났다."라는 기술이 있습니다. 그래서인지 일본 각지에는 서복 전설이 전해져 옵니다.

기원전 4~3세기 중국에서 편찬하였다고 알려진 『주례周礼』에는 '오五독'이라고 일컫는 약이 기재되어 있습니다. 오독이란 황비철석(철과 비소의 황화물), 웅황(황화 제이비소), 석담(황산구리), 단사(황화 제이수은), 자석(산화철)을 말합니다. 이 책에 보면 사람을 병들게 하는 악령과 싸우기 위해서는 광물 약(독)을 복용해야 한다는 당시의 생각을 엿볼 수 있습니다. 이러한 생각이 발전하여 이후 광물을 재료로 불로불사의 영험한 약을 만들려는 '연단술'이 생겨났고, 이 기술은 도교의 사상과도 결부되어 단약을 탄생시켰습니다.

한편, 초목은 약이 되기는 하지만 태우면 재만 남습니다. 이에 반해서 수은은 황과 반응시키면 붉어지고, 고온에서 가열하면 원래대로 돌아갑니다. 또 공기 중에서 서서히 가열하면 붉거나 황색이 되고(산화 제이수은), 세게 가열하면 다시 수은이 됩니다. 이것이 연단술의 기본 사상이었습니다. 단약의 '단'에는 붉은색의 의미가 있으며 여기에 불로불사의 약이라는 의미를 중첩시킨 것입니다. 붉은색에서 생명력을 느낀 것일까요?

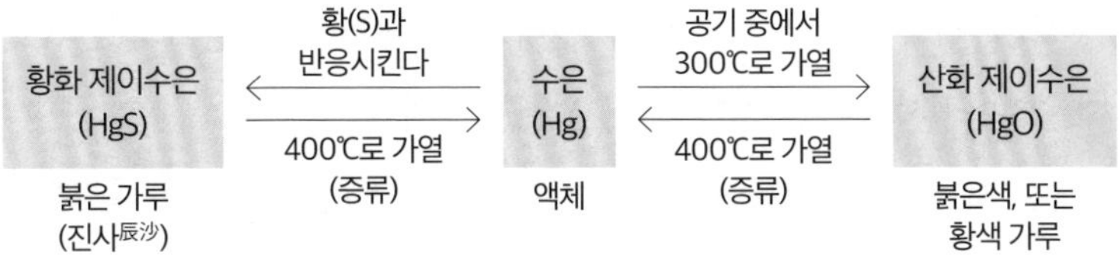

당나라(618~907)의 역대 황제 20명 중에서 적어도 6명은 광물 약의 독작용에 의해서 목숨을 잃었다고 알려져 있습니다. 당나라의 11대 황제인 헌종은 단약을 매일 복용해서 피부가 거칠고 성격도 포악했다고 합니다. 결국, 수은 중독 양상을 보이고 41세에 죽음을 맞습니다. 15대 황제인 무종도 약을 복용하면서 말을 못 하게 되었고, 정신 이상으로 32세에 생을 마감합니다. 수은 화합물의 대부분은 불로불사의 묘약이 아니며, 산화 제이수은 같은 약물은 분명한 맹독입니다. 현대를 사는 우리도 건강에 좋은 약을 찾는 점에서 어쩌면 광물 약을 복용하던 당나라 시대의 황제들과 크게 다를 바가 없을지도 모르겠습니다.

소크라테스의 최후

'나는 스스로 잘 알지 못한다는 사실 한 가지만을 알고 있다.' '무지의 지'라고 불리는 고대 그리스 철학자 소크라테스(기원전 470~399)의 사상은 어떻게 해서 생겨났을까요?

소크라테스가 40세였을 때, 그의 제자가 델포이에 있는 아폴로 신전의 무녀로부터 '소크라테스를 능가하는 현자는 없다.'라는 신탁을 받았다는 말을 듣습니다. 소크라테스는 자신이 세상의 큰일이나 작은 일에 사정이 어둡고 현명하지 않다고 자각하고 있었기 때문에, 고민 끝에 세상에서 현명하다고 알려진 사람들을 만나서 신탁의 반증을 꾀합니다. 그때 사용한 방법이 문답법이었습니다. 현자와 유명한 정치가, 시인, 예술가, 숙련된 기술자들을 만나서 물음을 이어갔습니다. 그러다 보니 상대방이 체면을 구겼다고 생각하여 화를 내기도 했습니다. 이것을 보고 문답법을 모방하는 젊은이들의 입에 오르내리게 된 이들에게 소크라테스는 미움과 증오의 대상이었습니다.

결국, 소크라테스는 젊은이들에게 좋지 않은 사상을 부추겼다는 죄로 공개 재판에 회부되었습니다. 작은 표 차로 유죄 판결이 나고 형량을 선고하는 과정에서 소크라테스의 태도가 배심원의 반감을 사고 맙니다. 마침내 압도적인 다수의 찬성으로 사형이 가결되었는데, 그 당시 사형수는 스스로 죽는 방법을 선택하여 자살해야만 했습니다. 소크라테스는 헴록 진액을 사용했다고 합니다.

헴록은 유럽이 원산인 미나리과 식물로 전초(꽃·잎·줄기·뿌리 전체)에 코닌이라는 신경 독성을 갖는 알칼로이드가 함유되어 있습니다. 코닌에 중독되면 손발 끝부분부터 몸의 중심 쪽으로 마비가 진행됩니다. 제자 플라톤은 헴록 진액을 마시고 죽어가는 소크라테스의 모습을 기록으로 남겼습니다(『파이돈』).

사형 집행이 해 질 무렵으로 정해져 있었기 때문에, 아침부터 감옥에는 가깝게 지내던 지인들이 모였습니다. 그 안에서 철학자와 죽음에 관해, 육체를 떠나가는 영혼의 문제를 이야기합니다. 시간이 흘러서 집행할 때가 되자, 소크라테스는 독을 건네는 역할을 맡은 남자로부터 독배를 건네받고 태연하게 잔을 비웁니다. 다음 『파이돈』의 인용문에서 소크라테스는 '그분'으로 소개됩니다.

> 그분은 방 이쪽저쪽을 다니셨지만, 마침내 다리가 무겁다며 누워서 쉬셨습니다. 그러자 독을 건넨 남자가 그분의 몸에 손을 대고 잠시 발끝과 무릎 아래를 살피고 나서 발끝을 세게 누르고 느낌이 있는지를 물었습니다. "없다." 그분이 대답하셨습니다.
>
> 다음으로 남자는 무릎 아랫부분을 똑같이 살피고 몸의 위쪽으로 올라가면서 살폈습니다. 그리고 그분의 몸이 점점 차가워지며 경직되어 가는 것을 우리에게 보여주었습니다. 다시 한 번 몸을 만져보며 "독이 심장에 이르면 돌아가십니다." 하고 말했습니다.

잠시 후 소크라테스는 마지막 말을 합니다. "아스클레피오스에게 닭을 바쳐야 한다. 잊지 말아 주기를." 아스클레피오스는 의약의 신으로 병이 나으면 답례로 닭을 제물로 바치는 관습이 있었습니다. 소크라테스는 죽음으로 인간적인 병이 모두 고쳐졌다고 생각한 것입니다.

클레오파트라의 죽음

유명한 클레오파트라 7세(기원전 69년~기원전 30년)는 프톨레마이오스 12세의 왕녀로 태어났습니다. 아름답고 교양이 풍부하였으며 특히 독에도 관심이 많아서, 죄수들을 상대로 다양한 독을 시험해 봤다고 합니다.

클레오파트라가 옥타비아누스에게 패하여 쫓기게 되자 독사에게 자신을 물게 하여 최후를 맞았다는 이야기는 유명합니다. 그녀의 최후에 대해서는 다양한 상상과 해석이 있습니다. 그녀의 자해에 관해서 현재 알려진 가장 오래된 기록은 이렇습니다. 고대 로마의 그리스인 전기 작가인 플루타르코스(46?~120?)에 의하면 클레오파트라는 코브라과의 애스프asp(이집트 코브라)에게 팔을 물게 했다고 합니다. 하지만 다른 주장에 따르면 자해에 사용된 것은 독사과에 속하는 독사라고 합니다. 또한 물린 부위는 가슴이라는 설이 많습니다.

플루타르코스의 기술에 의하면 클레오파트라가 다양한 독을 조사하여 마치 숙면하듯이 빠르고 편안하게 죽음에 이르는 (현대에서 말하는 신경독 작용을 나타내는 독을 지닌) 애스프를 찾아냈다고 합니다. 한편 독사과에 속하는 독사 독은 물린 부위를 썩게 하고 헐게 하는 출혈 작용이 있는데, 심한 출혈뿐만 아니라 피부를 짓무르게 하거나 괴사를 일으키기도 합니다.

독뱀은 대체로 물린 곳에 두 개의 이빨 자국만 남기고 신경독 작용에 의해 죽음에 이르게 하는 코브라 유형(코브라, 바다뱀 등)과 앞에서 말한 것 같이 물린 부위에 극심한 통증과 괴사까지 일으키는 독사 유형(살무사, 반시뱀, 방울뱀 등)이 있습니다. 독에 대해서 상세히 알았던 클레오파트라이니, 추측하건대 클레오파트라는 코브라과의 애스프에게 가슴을 물려서 피부가 짓무르거나 괴사도 일으키지 않고 편안하게 죽음을 맞이했을 것입니다.

네로 황제의 '광기'의 이유는 납 중독?

고대 로마의 제5대 황제, 네로 클라우디우스(37~68)는 '폭군'으로 잘 알려져 있습니다. 그런데 과연 그것이 진실일까요? 그 당시 17세에 황제에 오른 네로는 세간에 총명하다고 알려졌으며 장래를 촉망받았습니다. 통치 초반에는 가정교사였던 철학자 세네카의 지도와 근위대장이던 섹스투스의 정치적 보좌가 있어서 평판이 좋았습니다. 하지만 이후에 자신의 어머니와 처, 그리고 스승인 세네카(자결했으나 네로에게 자살을 강요받았다는 설이 있다), 신하들을 계속 살해했습니다. 그러던 서기 64년, 수도 로마에 큰 화재가 발생합니다. 중심부에 있었던 상점가에서 시작된 불이 바람을 타고 도시 전체로 확대되었고 시내의 3분의 2가 불탔다고 전해집니다. 100만 도시였던 로마에는 당시 목조 건축물이 많았기 때문입니다. 네로 황제는 진두지휘하며 피해자를 구제하고 로마를 콘크리트 도시로 재건하는 데 힘썼습니다. 이 일로 네로 황제의 평가를 높일 수 있었습니다. '역시 치세를 잘하는 네로'라고 모두가 기대한 것입니다.

하지만 실은 로마의 대화재의 원인을 제공한 사람이 다름 아닌 네로 황제이며, 자신이 원하는 대로 도시를 바꾸고 싶었기 때문이라는 소문이 나돕니다. 이때 네로 황제가 취한 행동이 후세의 평가를 결정짓습니다. 바로 그리스도 교도를 방화범으로 몰았을 뿐만 아니라 그리스도 교도들을 잡아서는 화형에 처한 것입니다. 그리스도 교도들은 육체가 손상되면 천국에 갈 수 없다고 생각했기 때문에 화형을 받아들일 수 없었습니다. 과연 네로 황제가 그리스도 교도들을 죽음으로 내몰고 간 것에 대해서 어떻게 생각해야 할까요? 가족과 지인을 죽인 것은 정적을 없애기 위해서라지만 그리스도 교도를 '화재를 일으킨 범인'으로 몰아세운 것은 당시 로마에서의 종교적 권력 다툼을 냉정하게 판단했기 때문이라고 봅니다. 따라서 황제 네로가 '폭군'인 것은 맞지만 과연 '광기'로 인해 그러한 일을 저질렀는지는 생각해볼 여지가 있을 것 같습니다.

한편, 네로가 폭군이 된 원인이 납 중독 때문이라는 설도 있습니다. 당시의 와인은 아세트산(초산) 발효로 신맛이 강했는데, 이 와인을 납으로 만든 냄비에 가열 처리를 해서 마시지 않았나 추정한 것입니다. 와인 속의 아세트산이 납과 결합하면 아세트산 납(초산 납)이 되어 단맛이 나기 때문입니다. 납 중독은 정신 장애와 신장 기능 장애를 일으킵니다. 결국, 네로 황제는 원로원에서도 비난을 받아 31세에 자결하고 맙니다.

시대를 훨씬 지나서 베토벤도 만성 납 중독으로 인해 급경련통과 통풍으로 고생했다고 전해집니다. 실제로 베토벤의 사후 채취한 머리카락을 후세에 와서 검사했더니 일반인의 100배나 되는 농도의 납이 검출되었습니다.

일본에서도 납 중독에 관해 일화가 전해집니다. 에도 막부의 7대 장군인 이에츠구는 7세에 사망하였고 13대 장군인 이에사다는 어려서부터 병약하여 34세에 사망하였는데, 그 원인이 유모가 얼굴과 몸 화장을 할 때 사용하던 백분에 포함된 연백(염기성 탄산납)에 의한 중독이라는 설이 있습니다. 수유를 통해 중독되었다는 겁니다.

대불의 도금에 사용된 수은

일본에 불교가 전해진 것은 552년의 일입니다. 불교의 전래는 단순히 종교뿐만 아니라 당시 최고의 사상과 과학의 전래이기도 해서 상당한 의미가 있습니다. 743년에 쇼무聖武 천황(701~756)은 대불을 건립하라는 명을 내립니다. 불교가 일본에 전래된 지 200년 만의 큰 사업이었습니다. 현재 일본 나라현의 대불로 유명한 불상은 건립 당시에는 찬연하게 빛나는 금색이었다고 합니다. 나라의 대불은 구리로 만들고 나서 그 위에 금으로 도금했습니다. 아말감이라고 해서 수은과 금의 합금(수은에 금을 녹인 페이스트 상태)을 대불의 표면에 바른 후 표면을 가열하는 방법입니다. 이렇게 하면 수은은 기체가 되어 증발하고 얇은 막의 금만 남습니다. 대불의 주조를 마치고 '대불 개안 공양회'가 성대하게 열린 것은 752년의 일이었습니다.

대불은 워낙 큰 불상이어서 사용된 수은과 금의 양도 상당했습니다. 『동대사 대불기東大寺大仏記』에 의하면 현재의 양으로 환산하여 수은 50톤, 금 9톤이 사용되었다고 기록되어 있습니다.

여기서 문제가 되는 것은 지형적으로 분지인 이 지역에 공기 중으로 흩어진 수은입니다. 수은의 비중은 20°C에서 13.534입니다. 무거운 수은 증기가 분지를 넘어서 멀리 날아갔다고는 생각하기 어렵습니다. 하늘에서 날리다가 분지의 지표면으로 떨어졌거나 혹은 비에 녹아서 지하수에 섞여 우물에 들어가고 강으로 흘러서 생활용수로 쓰였을 것입니다. 또 곡식과 채소에 농축되었을 것으로 추정됩니다. 어떤 식으로든 현대에서 말하는 꽤 심각한 '공해' 병을 가져왔겠지요. 미세한 수은 증기가 폐에 들어가면 독성을 발휘합니다. 당시 사람들이 수은 증기에 중독된 사람을 원인 모를 역병이나 신의 저주를 받았다고 여겼을지도 모릅니다.

대불전이 준공된 것은 758년으로 당시의 쇼무 천황은 그 완성을 보지 못하고 2년 전에 세상을 떠났습니다. 쇼무 천황이 세상을 떠난 이듬해 757년 7월에 다치바나노 나라마로의 난이 일어났는데, 체포된 나라마로는 난을 일으킨 이유를 이렇게 밝혔습니다. "동대사東大寺와 같은 무리한 건립 사업 때문에 백성들이 심한 고통을 겪고 있다. 정치가 도리에 벗어났으므로 반란을 일으킨 것이다." 이유가 어떻게 되었든 784년에는 나가오카로 수도를 옮깁니다. 나라 분지를 휩쓸었을 수은 중독과 천도가 관련 있었는지는 현재까지 정확하게 밝혀진 바가 없습니다.

한편 같은 시대인 753년에 당나라에서 고승 감진鑑真이 일본을 방문합니다. 감진은 다량의 생약을 가져왔습니다. 그리고 756년에 쇼무 천황(당시 이미 딸인 고켄 천황에게 양위했다)이 세상을 떠났을 때, 고묘 황태후는 생전에 천황이 아끼던 물품을 대불에 바친다는 명목으로 60종류의 생약을 동대사(도다이지)의 쇼소인正倉院에 봉납했습니다. 현재 이 60종류의 약물 목록이 『여러 가지 약 장부種々薬

帳』에 남아 있습니다. 현물로도 38종류나 남아 있다고 하는데, 그 중에는 감진이 가져온 약도 틀림없이 많이 있을 겁니다. 아마도 지상의 창고에 보관된 세계에서 가장 오래된 의약품이라고 생각되며 매우 귀중한 인류 유산 중 하나입니다.

나라의 헤이죠에서 나가오카, 그리고 교토의 헤이안으로 도읍을 옮긴 것과 관련하여 전해오는 이야기가 있습니다. 810년 9월 6일 헤이제平城 상황이 헤이안을 떠나 다시 옛 수도인 헤이죠로 돌아가겠다고 명을 내린 적이 있습니다. 이를 반대하여 동생인 사가 천황은 군대를 움직여서 막았고, 헤이제 상황은 결국 출가하여 일단락되었습니다. 이 일은 헤이제 상황의 총애를 받던 후지와라노 구스코藤原薬子가 헤이제 상황을 다시 천황의 자리에 앉히려는 의도로 일으킨 '구스코의 난'이라고 알려져 있습니다. 그리고 12세기 간행된 역사소설 『미즈카가미水鏡』에는 구스코가 독을 마시고 사망했다고 기록되어 헤이죠로 다시 천도하는 일이 실현되지 못했다는 이야기입니다.

'야갈'의 정체

1948년 궁내청은 쇼소인에 보존 중인 약물을 조사했습니다. 이때 약의 목록을 적어 놓은 『여러 가지 약 장부』에서 '야갈冶葛'이라고 적힌 정체불명의 약물 이름을 발견했는데, 이것이 어떤 약인지에 대해서 결론을 내리지 못했을 뿐만 아니라, 보존된 약물 중에서 그것을 찾아낼 수도 없었습니다.

1996년 쇼소인의 재조사가 시작되면서 '야갈'의 정체가 세상에 알려졌습니다. 당시 치바대학 약학부 부교수 아이미 노리오相見則郎 연구팀은 보존된 야갈 2.8그램 정도를 분석한 결과, 이 샘플이 1,200년 이상 지났음에도 불구하고 겔세민gelsemine, 코우민koumine, 겔세베린gelseverine, 셈페르비린sempervirine 같은 독성이 강한 알칼로이드가 검출된 것을 확인하였습니다(M. Kitajima *et al.*, 1998). 이 생약의 원료가 동남아시아에서 중국 남부에 걸쳐서 자생하는 마전과 식물인 겔세미움 엘레강스*Gelsemium elegans*의 뿌리라는 것을 밝혀낸 것입니다.

겔세미움 엘레강스는 길이 3~12미터의 넝쿨성 상록수로 표고 500~2,000미터의 해가 잘 드는 산의 경사면이나 잡목림 등에서 자랍니다. 잎은 가죽질이면서 마주나기를 하고, 5월부터 11월까지 노란색 꽃잎 다섯 장을 피우며, 열매에는 세로줄이 두 줄로 있어서 익었을 때 그 선을 따라 벌어져 종자를 퍼트립니다. 세계에서 가장 강한 식물 독이라고 알려져 있을 정도로 맹독 식물이며, 모든 부분에 독성이 있고 가장 독성이 강한 부위는 어린싹이라고 합니다.

한방에서는 뿌리를 물로 씻어서 건조시킨 것을 천식 치료나 해열, 진통 등에 사용하는데, 독성이 너무 강한 탓에 많은 의학서에

'복용 금물'이라고 적혀 있습니다. 섭취하면 한 시간 안에 숨이 가쁘고 어지럼증이나 구토, 호흡근의 신경 마비가 일어나는 등 호흡 곤란 증상이 일어납니다.

『여러 가지 약 장부』에 의하면 야갈은 32근(19.2kg)이 보존되어 있었다고 하는데, 현재는 390그램만 남아 있어서 상당한 양이 사용된 것으로 추정됩니다. 대체 쇼소인의 야갈은 어디로 사라졌을까요? 어떤 치료에 사용되었을까요? 아니면 혹시…….

성 안토니오의 불

중세를 세계사에서는 '암흑시대' 혹은 '마녀의 시대'라고 부르기도 합니다. 한편으로는 연금술이 유행하던 시대, 암살이 횡행하던 시대라고도 하는데 모두 독과 관련이 있습니다.

이 시대 유럽은 '대항해 시대'라고 불리는 시기로 해외 여러 나라에 진출했습니다. 일본에도 유럽의 많은 물건이 들어왔습니다. 중세 초기에 승려 에이사이栄西가 대륙에서 차를 가져왔으며, 중세 말기에는 유럽인들이 양귀비(모르핀 등 마약 성분을 가진 양귀비)와 담배를 들여왔습니다. 또 커피, 홍차, 코코아가 타 대륙에서 유럽으로 전해졌으며 이후 유럽을 통해서 일본으로 들어왔습니다.

인류의 역사는 역병과 함께한 역사라고 해도 과언이 아닙니다.

중세 유럽을 강타한 대표적인 역병은 13세기의 한센병, 14세기의 페스트, 그리고 16세기의 매독을 들 수 있습니다. 특히 '흑사병'이라 불리는 페스트는 곰쥐 등의 설치류에 유행하던 질병으로 벼룩을 통해 사람에게 전염되었습니다. 벼룩이 쥐의 피를 빨고 다시 사람의 피를 빨아 페스트균을 옮긴 것입니다. 치사율이 높고 감염자의 피부가 검게 변했기 때문에 흑사병이라고 이름 붙여졌습니다. 14세기 페스트의 유행으로 당시 세계 인구가 4억 5,000만 명에서 3억 5,000만 명까지 감소했다고 전해집니다. 이러한 전염병은 근세에서 근대에 걸친 세균학의 발흥과 화학 요법 및 면역 요법의 발달 덕분에 상당 부분 극복되었습니다.

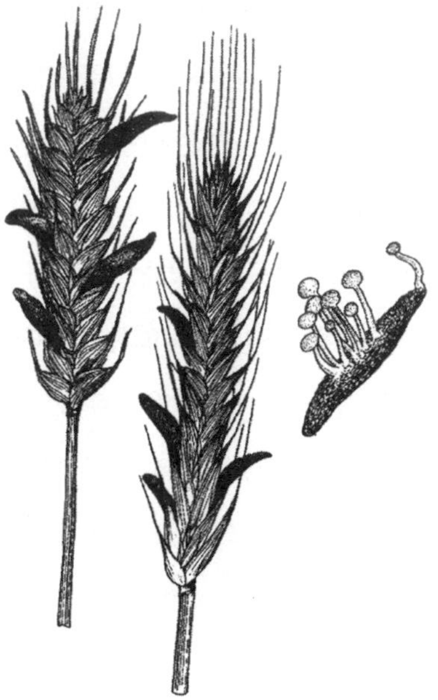

맥각균. 그림 좌측은 보리에 기생하는 맥각이다. 우측은 버섯 상태의 자실체로, 머리 부분에 포자를 만든다.

'성 안토니오의 불St. Anthony's fire' 역시 중세를 대표하는 역병 중 하나로 모두가 두려워하였습니다. 11세기와 12세기에 걸쳐 서유럽에서 대유행하였으며, 맥각에 함유된 알칼로이드에 의한 중독입니다. 맥각이란 자낭균의 일종으로 보리에 기생합니다. 닭의 새끼발톱 뒤에 덧달린 작은 발톱 모양이나 쥐의 배설물과 같은 모양을 하고 있습니다('맥각균' 그림 참조). 이 덩어리는 균핵이라 불리며 여기에 맥각 알칼로이드라는 유해 물질이 들어 있습니다.

검은 뿔 모양의 균핵은 '악마의 발톱'이라고 불릴 만큼 두려운 것이었습니다. 맥각 알칼로이드가 몸 안에 들어오면 혈관이 수축하여 피의 흐름을 방해하기 때문에 중독된 사람들은 손발이 불에 타는 듯한 고통을 호소하다가 결국 피가 통하지 않는 부위의 살이 떨어져 나가는 증상을 겪었습니다.

이 병은 손발이 불에 덴 듯이 고통스러운 초기 증상이 발견되고, 성자 안토니오를 모신 사원에 가서 참배하면 병이 낫는다고 해서 '성 안토니오의 불'이라고 이름 붙여졌습니다. 그런데 실은 낫게 된 이유는 다른 곳에 있었습니다. 맥각으로 오염된 보리로 만든 빵을 먹던 사람들이 사원에 참배하기 위해 길을 떠나면서 맥각에 오염되지 않은 보리로 만든 빵을 먹은 덕분이었습니다.

오래된 기록을 보면 기원전 600년 아시리아의 점토판에 맥각에 대한 경고가 새겨져 있습니다. 또 10세기에는 프랑스 남부에서 맥각으로 인해서 4만 명이나 되는 사람이 사망했다는 기록이 있습니다.

한편 당시 유럽의 조산사(산파)들은 위험을 알면서도 자궁 수축을 촉진할 목적으로 맥각을 사용했습니다. 그 후 20세기에 들어서 알베르트 호프만Albert Hofmann(1906~2008)이 맥각 알칼로이드의 화학 유도체를 연구하던 중에 우연히 강한 환각 작용을 일으키는 LSD를 발견했습니다. LSD는 1960년대 특히 유럽과 미국의 젊은이들 문화 속에서 주목을 받았습니다. 한때는 히피 문화 및 사이키델릭 아트에서 주목을 받기도 했지만, 지금은 세계적으로 문제가 되는 대표적인 마약 중 하나입니다.

파라켈수스와 연금술 시대

연금술은 원래 고대 이집트에서 시작되어 아라비아를 거쳐서 유럽으로 전해졌습니다. 중세를 통해서 연금술사들이 찾아 헤매던 '현자의 돌'은 납 등을 귀금속으로 변화시킬 수 있다고 믿었으며, 또 불로불사의 만능 약으로도 효능이 있다고 여겼습니다.

지금 생각하면 터무니없어 보이지만 연금술에서 사용되던 정련 기술, 증류법과 같은 방법은 화학 물질을 다루는 기술로 발전했습니다.

중세의 의사이자 연금술사이기도 했던 파라켈수스(1493~1541)는 대학에서 배우는 학문에 실망하고 재야에서 공부하는 편이 낫다고 생각하여, 인생의 대부분을 방랑하면서 보냈습니다. 파라켈수스라는 이름은 본명이 아니며 방랑 시절에 스스로 지어 부른 이름이라고 합니다. 그리고 당시의 체액병리설을 부정하며 '병은 우리 몸에서 어느 한 곳의 장기가 이상이 있을 때 생긴다.'는 생각을 가지게 되었습니다.

특히 연금술 연구로 연금술에서 관찰한 화학 물질이 결정화하거나 용해되는 현상을 의료에도 응용하려고 생각하여, 산화철, 수은, 안티모니, 구리, 비소, 납 등의 금속 화합물을 처음으로 의약품으로 사용하였습니다. '독이야말로 약이 될 수 있다.'고 생각한 것입니다.

파라켈수스는 연금술사로서 이제까지의 연금술은 금을 만드는 것이 주된 목적이었지만, 앞으로는 의약품을 만드는 것이 목적이 되어야 한다고 강하게 주장했습니다. 이러한 파라켈수스의 유지를 이어받아 연금술사 중에서 전문적으로 약을 만드는 의료 화학자가 탄생하게 되었습니다. 그런 의미에서 파라켈수스는 '의료 화학의 창시자'라고도 불립니다.

그는 매독이나 광산 노동자의 직업병인 규폐증, 정신 병리학 등의 연구에도 힘을 기울였는데, 당시 매독의 특효약으로 유명했던 유창목*lignum vitae*이 효과가 없다고 비판하여 유창목 수입으로 거대한 부를 얻고 있던 푸거 가문과 대립합니다. 한편 매독 치료에 수은을 사용하는 위험한 일을 하거나 바젤대학의 의학부 교수에 취임했을 때에는 당시 권위 있던 많은 의학 서적들을 학생들이 보는 앞에서 불태우기도 했습니다. 그에 관한 소문이 얼마나 무성했을지는 상상이 가고도 남습니다.

마녀 전설과 맨드레이크

중세 유럽 하면 떠오르는 것이 또 있습니다. 바로 '마녀'인데요. 과연 언제부터 나타났을까요? 구석기 시대의 동굴 벽화에 요술사나 샤먼이라 불리는 여성의 모습이 그려져 있는 것으로 보았을 때, 마술을 사용했다고 해서 고발당하거나 재판을 받는 일이 꽤 오래전부터 있었던 것 같습니다. 하지만 독과 관련 있는 마녀 전설은 특히 중세 독일의 하르츠 지방에 많이 남아 있습니다. 그중에서도 브로켄산이 유명하며 19세기에 쓰인 괴테의 『파우스트』의 무대가 되기도 했습니다. 그런 이유에서 오늘날에도 매년 한 번씩 마녀가 모인다고 하여 많은 관광객이 찾는 곳이기도 합니다.

그런데 그러한 배경에는 1240년에 신성 로마 제국의 프리드리히 2세가 시행한 의약 분업 정책이 있었습니다. 약물 처방은 의사만 할 수 있으며 약물 조합은 약사만 할 수 있도록 제한한 것입니다. 그 결과 로마 시대부터 약초를 캐거나 약초를 판매하여 민간요법의 중요한 역할을 담당하던 많은 여성이 배제되었습니다. 그들은 수도원의 약초원에서는 도저히 손에 넣을 수 없는 여러 가지 약을 조달해 온 실적이 있었습니다. 이러한 사정을 잘 아는 파라켈수스는 본인도 독이라고 인식하는 물질을 의료에 사용했으며, '지금까지 약학은 나이 든 여인의 도움이 컸다.'라고 말했습니다.

그리스도교는 신앙과 기도로 하는 치료만이 선한 것이라고 가르치며, 자신들이 약물을 관리하려고 했습니다. 그들에게 민간요법은 눈엣가시였던 셈입니다. 결국, 그리스도 신앙을 따르지 않고 약과 독을 다루는 여성에게는 '마녀'라는 딱지가 붙고 말았습니다.

마녀가 산과 들에서 자라는 많은 약초와 독초를 솥에 넣고 조합하여 주술 약이나 비약을 만든다는 이야기가 퍼지면서 이후에 마녀 전설의 근거가 되었습니다. 15세기부터 18세기까지 '마녀 재판'으로 이단 심문에 넘겨진 '마녀'에게는 '마법의 연고'나 '마법의 약'이 늘 따라다녔습니다. '마녀'라는 이름으로 재판에 넘겨진 사람은 여성뿐만 아니라 남성도 있었으며, 의사나 약사도 있었다고 합니다. 결국, 약과 독에 정통한 수많은 사람이 희생을 당한 것입니다.

잔 다르크(1412~1431)는 시대적으로 마녀라는 개념이 널리 퍼지기 전에 등장하여 눈부신 활약으로 조국 프랑스를 구한 영웅이지만, 고발을 당하고 체포되고 맙니다. 남장을 했다, 맨드레이크를 목에 걸어 그 힘을 빌렸다는 등의 다양한 죄목이 붙여졌고, 재판 결과 화형에 처해졌습니다.

맨드레이크는 가짓과의 식물로 아트로핀 등을 얻을 수 있습니다. 아트로핀은 흰독말풀류, 벨라도나, 일본에서 자생하는 미치광이풀에서도 얻을 수 있습니다.

벨라도나라는 이름의 유래는 이탈리아어로, 벨라가 '아름답다', 도나가 '귀부인'을 의미합니다. 왜 이런 이름이 지어졌는가 하면 귀부인들이 주로 사용했기 때문이라고 하는데, 이 식물의 추출액을 묽게 하여 눈에 넣으면 동공이 열리고 촉촉한 느낌의 매력적인 눈동자가 된다고 합니다. 하지만 자칫 잘못하면 실명이 될 수도 있어서 위험천만한 미용법이 아닐 수 없습니다. 참고로 불가리아에서는 별칭 '미치광이풀'로 불립니다.

잔 다르크의 이야기로 돌아가 보자면 잔 다르크가 판결을 받고 사망한 후, 그녀의 어머니의 요청으로 다시 재판이 열렸으며 결국 잔 다르크는 무죄 판결을 받습니다. 그뿐만 아니라 잔 다르크는 이후 가톨릭교회에서 성인으로 추대되었습니다.

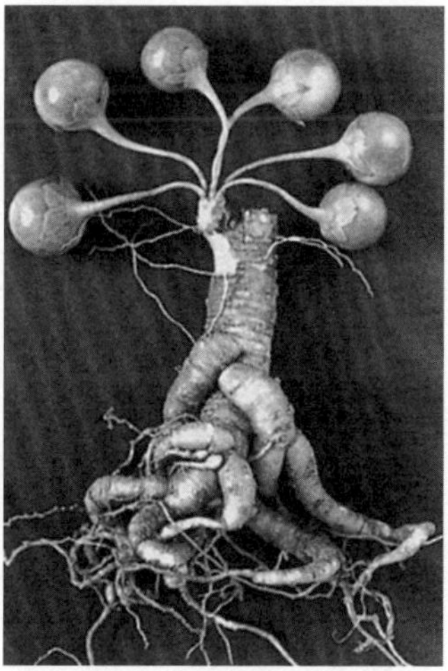

맨드레이크. 니시무라 유우코西村佑子, 『마녀의 약초상자魔女の薬草箱』 100쪽.

우파스독에 의한 사형 집행

우파스upas는 동남아시아가 원

산이며 키가 무려 25~40미터나 됩니다. 나무껍질에 상처를 내고 채취한 수액을 화살 독으로 사용하는데, 우파스는 말레이시아어로 '독'을 의미합니다.

1776년 인도네시아 자바섬 호족 한 사람이 그의 첩 13명을 불성실하다는 이유로 우파스를 사용하여 사형을 집행했습니다. 기둥에 묶고 사형 집행인이 우파스독을 묻힌 날카로운 송곳 같은 도구로 피부에 상처를 내는 방식이었습니다. 그녀들은 몹시 고통스러워하면서 죽어갔다고 전해집니다. 우파스의 학명은 *Antiaris toxicaria*로, α-안티아린 및 β-안티아린이라는 독성 성분을 가지고 있습니다. 이 사건은 법에 근거한 사형 집행이 아니라 엄연한 살인 범죄입니다.

α-안티아린과 β-안티아린의 화학 구조

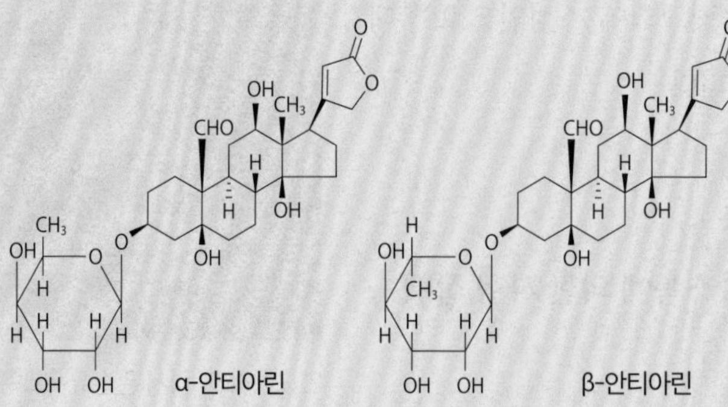

하나오카 세이슈와 통선산

하나오카 세이슈華岡青洲(1760~1835)는 교도에서 유학한 후 1785년에 고향인 기이(현재의 와카야마현)에서 의원을 개업했습니다. 그는 20년에 걸쳐서 약용 식물을 채집하고 고양이나 개로 동물 실험을 계속했습니다. 하나오카는 후한 말부터 삼국시대의 위 초기에 활약한 화타華陀(華佗)(정확한 출생과 사망 시기는 알 수 없음)가 처음으로 만들었다는 '마비산麻沸散'과 같은 마취약을 개발하여 외과 수술에 응용하려고 생각했습니다.

화타는 『삼국지』에 등장하는 영웅인 관우가 화살을 맞아 상처를 입었을 때 마비산으로 전신 마취를 하여 절개 수술을 했다고 전해지는 인물입니다. 마비산의 처방에 대해서는 수수께끼지만 대마가 들어 있다는 이야기도 있습니다.

여러 차례에 걸친 동물 실험 끝에 자신이 조제한 약에 대해서 어느 정도 확신을 갖게 된 하나오카는 친어머니와 부인에게 인체 실험을 단행합니다. 그래서 완성한 것이 전신 마취약 '통선산通仙散'입니다. 그는 마취약의 처방을 제자에게만 가르쳐주고 절대로 공개하지 말도록 금했습니다.

그런데 이 약의 부작용으로 인해서 부인은 실명하였고 어머니는 목숨을 잃고 말았습니다. 지금이라면 큰 문제가 되었겠지요. 이처럼 참혹하고 비극적인 인체 실험을 거쳐서 하나오카는 1804년에 세계 최초로 전신 마취약인 통선산을 이용한 외과 수술(유방암의 적출)에 성공하였습니다.

자세한 이야기는 아리요시 사와코有吉佐和子가 쓴 『하나오카 세이슈의 아내華岡青洲の妻』를 참고해 주세요.

참고로 웃음가스(1844년), 에테르(1846년), 클로로포름(1847년)을 사용한 전신 마취가 유럽과 미국에서 개발된 것은 통선산 이후 반 세기가 지나서입니다.

'지볼트 사건'의 알려지지 않은 이야기

필리프 프란츠 폰 지볼트Philipp Franz von Siebold(1796~1866)는 나가사키현의 나루타키鳴滝라는 곳에서 일본인 의사들을 상대로 의학을 강의하는 등 일본에 서양의 최신 의학을 소개한 인물입니다. 네덜란드인으로 알려졌지만 실은 독일인이었습니다. 지볼트는 1796년 독일 남부에 있는 학문의 도시 뷔르츠부르크에서 태어났습니다. 뷔르츠부르크대학에서 의학을 공부했는데 동물학, 식물학, 민족학 등의 자연 과학 지식도 풍부했습니다. 처음에는 외과, 산부인과, 내과의 박사 학위를 취득하여 개업했지만 자연 과학을 향한 열정을 떨치지 못했고, '잘 알려지지 않은 지역에 가 보고 싶다'는 바람도 컸습니다. 주위의 도움으로 네덜란드령 동인도 육군 병원의 군의관이 되어 동인도 관청의 상관(무역관) 소속 의사로 1823년 일본에 왔습니다. 이때 지볼트의 나이는 27세였습니다.

그런데 잘 알려진 '지볼트 사건'은 독성 식물인 벨라도나와 미치광이풀과 깊은 관련이 있습니다.

에도시대 말기, 1826년 에도에서 지내던 지볼트를 찾아온 안과 의사 하부 겐세키土生玄碩(1762~1848)는 동공을 키우는 약인 벨라도나를 나누어 달라고 부탁합니다. 지볼트는 흔쾌히 하부에게 벨라도나를 나누어 주었고, 하부는 이것을 안과 수술에 이용하여 동공이 커지는 것을 경험합니다. 하부는 벨라도나 약이 떨어지자 다시 한 번 지볼트를 찾아가서 벨라도나를 나누어 달라고 간곡히 부탁합니다. 이때 하부는 소중히 간직하던 접시꽃 문양이 새겨진 일본 예복을 지볼트에게 선물했습니다. 이 옷은 도쿠가와 막부의 가문으로부터 하사받은 것이었습니다. 그러나 지볼트는 벨라도나가 얼마 남아 있지 않았으므로 나누어 주지 않았습니다. 그 대신 "일본에도 같은 것이 있다."라고 지볼트가 가르쳐 준 것이 바로 미치광이풀이었습니다.

지볼트는 오와리尾張(지금의 아이치현)에서 본초(약재나 약학을 한방에서 이르는 말-역주)를 연구하는 미즈타니 토요부미水谷豊文(1779~1833)로부터 미치광이풀 그림을 건네받았는데, 한눈에 벨라도나와 같은 것이 아닐까 생각한 겁니다.

1826년 7월 에도에서 나가사키의 데지마出島(1634년부터 1859년까지 일본에서 유일하게 서양과 무역 창구 역할을 했던 인공 섬-역주)로 돌아온 지볼트는 당시 에조蝦夷(지금의 홋카이도)에서 채취한 잎사귀를 말려서 표본 책을 만든 마미야 린조間宮林蔵(1775~1844)에게 표본 책을 구하고 싶다고 연락합니다. 지볼트는 정중한 편지와 함께 옷감을 보냈지만, 외국인과의 사적인 편지 왕래를 나라에서 금지하고 있었기 때문에 마미야 린조는 편지를 개봉도 하지 않고 상사에게 제출합니다. 그런데 바로 이 일이 계기가 되어 '지볼트 사건'으로 발전하게 됩니다.

미즈타니 토요부미가 그린 미치광이풀 그림
(기요하라 쥬신清原重巨, 『초목성보·유독초목도설草木性譜・有毒草木図説』1989년, 190쪽)

하부 겐세키와 다카하시 카게야스高橋景保(당시 천문, 지리, 측량, 양서 번역 등을 담당하던 천문방에서 일했다-역주)는 체포되었는데, 옥사한 다카하시의 사체는 참수당했으며, 하부 겐세키도 관직을 박탈당했습니다. 결국, 지볼트의 문하생과 지인들을 포함하여 50여 명이 체포되어 형벌을 받았습니다. 지볼트는 국외 추방과 일본에 재입국 금지 조치를 받고 이듬해 나가사키를 떠납니다.

병원 미생물학의 발흥과 항생 물질의 발견

중세 유럽에서 역병이 연속적으로 발생한 일에 대해서는 앞에서 이야기했습니다. 그 당시에는 역병의 원인이 확실하게 밝혀지지 않았으며, 나쁜 공기나 초자연적인 현상이라는 주장이 강했습니다. 그런데 17세기에 들어서 안토니 반 리우벤후크Antonie van Leeuwenhoek가 현미경을 발명하면서 미생물학의 세계에 문이 활짝 열렸습니다. 콜레라, 페스트 등의 질병과 역병의 원인으로 세균이 밝혀진 것입니다. 병원 미생물학의 탄생입니다.

특히 19세기 파스퇴르Louis Pasteur(1822~1895)는 '백조의 목처럼 긴 플라스크' 실험을 통해서 세균학의 탄생을 설명하는 위대한 증명을 해 보였습니다. 실험 내용은 이렇습니다. 다음 페이지의 그림처럼 고기즙을 일반 플라스크와 백조의 목처럼 생긴 플라스크에 넣고 각각 가열합니다. 가열하면 플라스크 안의 미생물은 없어집니다. 불을 끄고 플라스크가 식었을 때 살펴보면, 일반 플라스크에는 미생물이 침입하여 고기즙이 탁해졌지만, 백조의 목처럼 생긴 플라스크에서는 미생물이 물방울에 막혀서 고기즙까지 도달하지

파스퇴르의 '백조 목' 플라스크 실험

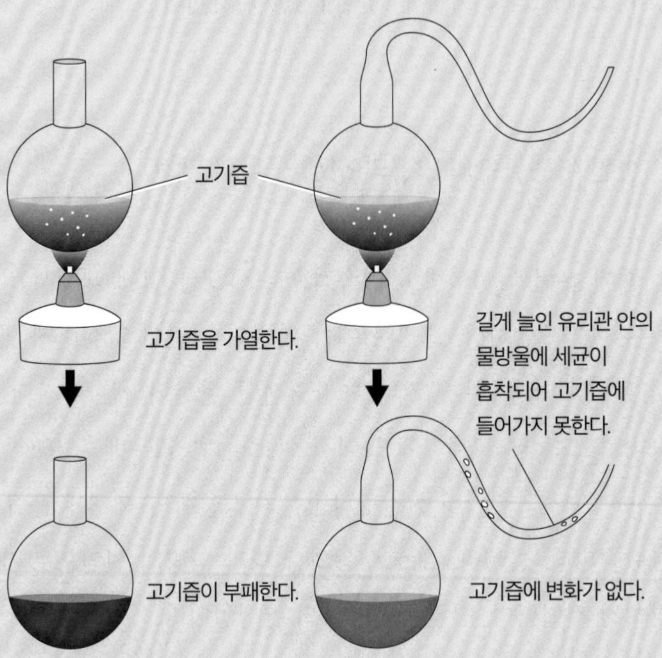

못했기 때문에 고기즙에 변화가 생기지 않았습니다. 이로써 '미생물은 자연 발생이 아닌 공기를 통해서 침입한다.'라는 사실이 증명된 것입니다. 19세기에 이루어진 실험이었습니다.

파스퇴르의 경쟁자이기도 했던 로베르트 코흐Robert Koch(1843~1910)는 1882년에 결핵균, 1883년에는 콜레라균과 같은 병원균을 발견합니다. 그리고 코흐는 감염증의 원인을 특정하기 위해서 다음과 같은 네 가지 가설을 제창했습니다.

- **원칙1** 특정 질병에서 특정한 미생물이 발견되어야 한다.
- **원칙2** 그 미생물을 분리할 수 있어야 한다.
- **원칙3** 분리한 미생물을 실험용 동물에 감염시켰을 때 같은 질병을 일으켜야 한다.
- **원칙4** 실험용 동물에서 다시 같은 미생물을 분리할 수 있어야 한다.

코흐의 연구실로 유학을 온 기타자토 시바사부로北里柴三郎(1853~1931)는 1889년에 파상풍균의 순수 배양에 성공하고 1894년에는 페스트균을 발견했습니다. 또 기타자토의 제자인 시가 키요시志賀潔(1871~1957)는 1898년에 적리균을 발견했습니다. 이후 병원균에 대한 대책이 새로운 과제로 떠올랐습니다.

이때도 기타자토가 활약을 합니다. 1890년 기타자토와 폰 베링Emil Adolf von Behring은 공동으로 디프테리아의 면역 혈청 요법을 발표했는데, 원리는 다음과 같습니다.

우선 디프테리아균을 배양합니다. 다음에 그 독소를 포르말린 처리하여 독성을 없앤 후 실험용 말에게 조금씩 주사했습니다. 이렇게 하면 말의 체내에서 항원 항체 반응이 일어나서 항독소가 생성됩니다. 바로 그 혈액에서 혈청(항독소 혈청)을 만들어 주사하여 치료에 응용한 것입니다.

면역 혈청 요법과는 다른 병원 미생물 대책으로 화학 요법이 있습니다. 화학 요법의 원리에 대해서 코흐의 제자인 파울 에를리히Paul Ehrlich(1854~1915)는 사람에게는 별로 독성을 나타내지 않지만, 특정 병원균에는 강한 독성을 발휘하는(선택 독성을 갖는다고 말합니다) 화학 물질을 찾아내어 의료에 사용하려고 생각했습니다. 이것은 16세기에 연금술의 발상에서 독을 의료에 사용하려고 했던 파라켈수스의 생각을 발전시킨 것이기도 합니다.

에를리히는 그의 연구실에서 유학 중이던 시가 키요시와 공동으로 1904년, 수면병의 병원체인 혈액 기생충의 원충 트리파노소마*Trypanosoma*에 선택 독성을 갖는 트리판로트를 발견하고, 1910년에는 유학생 하타사 하치로秦佐八郎(1873~1938)의 협력으로 매독 치료제인 살바르산salvarsan을 발견합니다.

하타사 하치로도 기타자토 시바사부로의 제자입니다. 파울 에를리히는 화학 요법에서 사용하는 화학 요법제를 '마법의 탄환'이라고 불렀는데 일본어로 '특효약'이라고 번역했습니다.

항생 물질 페니실린의 등장

드디어 항생 물질의 등장입니다. 알렉산더 플레밍Alexander Fleming(1881~1955)은 샬레 용기 안에서 황색 포도상 구균을 배양하는 실험을 하고 있었습니다. 그러던 어느 날 우연히 푸른곰팡이가 샬레 안에 날아 들어와 콜로니colony를 이룬 것을 발견했습니다. 플레밍은 난감해 했지만, 잘 살펴보니 기묘한 것이 눈에 띄었습니다. 푸른곰팡이가 콜로니를 이룬 주위만 황색 포도상 구균이 사라진 게 아닙니까? 이때 플레밍은 '푸른곰팡이가 황색 포도상 구균의 생육을 저해하는 물질을 방출하는 것은 아닌가'하고 생각합니다. 이것이 바로 1929년 '페니실린' 발견의 유래입니다.

하지만 페니실린은 불안정한 물질이라서 대량 생산이 어려웠습니다. 이것을 개선한 사람들이 영국의 하워드 플로리Howard Florey(1898~1968)와 체인E.B. Chain(1906~1979)이며, 1941년에 대량으로 만드는 데 성공합니다.

제2차 세계대전에서 부상당한 병사를 감염증에서 구한 페니실린의 놀랄 만한 위력은 순식간에 전 세계로 퍼졌습니다.

페니실린이 상처의 화농이나 패혈증, 폐렴 등에 효과가 높다는 사실이 증명되면서 세계대전 이후에 '기적의 약'으로 불리기도 했

페니실린 G의 화학 구조

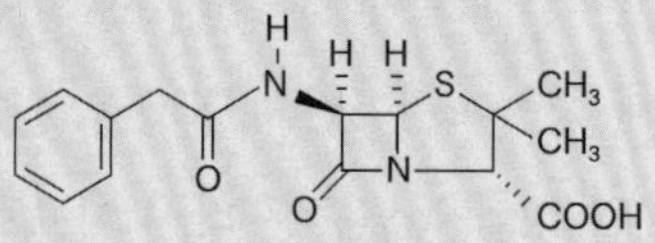

페니실린 G

습니다. 하지만 유감스럽게도 페니실린류는 결핵균에 대해서는 효과가 없었습니다. 하지만 곧이어 결핵균에 효과가 있는 스트렙토마이신이 등장합니다.

지금까지 알려진 항생 물질은 5,000종류 내지는 6,000종류에 달하며, 이 중에서 실용화된 것은 70종류 정도라고 알려져 있습니다. 항생 물질의 남용에 따른 내성균의 문제가 새 과제로 떠오르고 있습니다.

최초의 항생 물질인 페니실린은 곰팡이의 배양물에서 얻어졌지만, 현재의 항생 물질은 곰팡이 유래보다 방선균 유래의 항생 물질이 주류를 이루며, 반합성 항생 물질도 많이 있습니다. 또한, 항균 활성뿐 아니라 면역 억제 활성이나 항암 활성, 콜레스테롤 합성 저해 활성 등 다양한 작용으로 여러 질병에 응용되고 있습니다.

화학 무기·나치·731부대

독일군은 제1차 세계대전 중(1914~1918), 1915년 4월 22일에 벨기에 서부의 이프르Ypres 전선에서 프랑스군을 상대로 염소 가스를 사용했습니다. 이때 중독자가 1만 4,000명, 사망자가 5,000명이었습니다. 1917년 7월 12일 독일군은 다시 이프르에 독가스를 사용합니다. 이번에는 유기 합성된 독가스였습니다.

독가스 개발을 지휘한 사람은 프리츠 하버Fritz Haber(1868~1934)로 공기 중에 있는 질소를 고정하는 암모니아 합성법을 1908년에 개발한 공로로 1918년에 노벨 화학상을 받은 연구자였습니다.

두 번째 사용된 독가스에 대해서 영국군은 머스터드(서양 겨자)의 색과 특이한 냄새를 닮았다고 해서 머스터드 가스라고 불렀고, 프랑스군은 이프르의 지명을 따서 이페리트Yperite라고 불렀습니다. 이페리트는 끈끈하게 달라붙는 성질의 액체로 살이 짓무르고 썩는 증상으로 인해 '미란 작용제'로 분류합니다. 고무에도 침투하기 때문에 고무를 표면에 입힌 방호복으로는 방어가 안 됩니다. 이페리트가 부착 후 반응을 일으키기까지는 시간이 걸리지만, 피부에 직접 묻으면 강한 통증을 유발하고 소화 기관과 조혈 기관에도 장애를 일으킵니다.

1943년 12월 2일, 이탈리아의 아드리아해에서 독일 공군기의 폭격으로 화물선을 포함한 30여 척의 선박이 큰 타격을 입었습니다. 그중에는 미국의 수송선 존 하비호도 있었습니다. 실은 이 배에는 극비리에 이페리트 폭탄 2,000발이 실려 있었습니다. 폭발로 이페리트 액체 수십 톤이 바다로 유출되었고, 배에서 바다로 뛰어내린 선원들은 물론이고 접촉한 의료진들도 눈이 멀거나 심한 물집이 생기는 등의 중독 증상을 나타냈습니다. 더욱이 선박 일부가 폭발하면서 독가스의 증기가 해안의 시가지 상공을 덮었고, 급기야 민간인 수백 명이 중독 증상을 보이며 병원에 몰려드는 사태에 이르렀습니다.

중독 환자의 증상을 보면 눈과 피부가 손상되고, 병세가 위중한 환자는 혈압 저하와 쇼크, 백혈구 급감 등을 보였습니다. 617명 중 83명이 사망했다고 전해지지만 정확한 숫자는 알 수 없습니다. 사망 피해는 독가스에 노출되어 직접 사망한 2~3일에 가장 컸으며, 8~9일 무렵에는 백혈구 감소에 의한 감염증을 나타냈습니다.

한편, 이페리트 및 유사한 질소 머스터드를 백혈병 치료제로 사용할 수는 없을까 하고 생각한 연구자가 있었습니다. 왜냐하면 혈액암인 백혈병은 골수에서 백혈구 세포가 비정상적으로 증식하는 질환이기 때문입니다. 실제로 질소 머스터드 관련 화합물은 백혈병 및 악성 림프종의 치료약으로 사용되기 시작했고, 독성을 약하게 하는 연구가 계속 진행되어 오고 있습니다.

처음으로 독가스가 사용된 이후 1924년, 극우 정당 나치의 독재자 히틀러Adolf Hitler는 교도소(특별 대우를 받았다고 전해진다)에서 유대인 배격을 주장하는 『나의 투쟁』을 구술로 집필했습니다. 한편, 독일을 위한 애국심으로 독가스 연구에 몰두한 하버는 유대인이라는 이유로 히틀러에 의해서 독일에서 추방당합니다. 나치 독일에서는 치클론 B가 아우슈비츠 등의 수용소에서 유대인을 비롯한 정치범, 동성애자 등을 학살하는 데 사용되었습니다. 깡통에 주로 보관되는 치클론 B는 사이안화 수소(청산 가스)를 발생시키며, 원래는 살충을 목적으로 하버의 연구소에서 개발된 것이었습니다.

나치 독일에서는 화학 무기의 일종으로 신경 작용제 개발에도 힘쓰고 있었습니다. 1937년 독일의 게르하르트 슈라더Gerhard Schrader 박사는 농약을 개발하는 과정에서 인간에게도 동공 축소나 호흡 곤란과 같은 유해 작용을 일으키는 화합물을 발견했습니다. 이 물질이 타분tabun gas입니다. 나치 정권은 이것을 이용하여 신경 작용제 제1호를 탄생시켰습니다. 그리고 1938년에 만들어진 것이 사린sarin입니다. 사린이라는 명칭은 개발자 4명의 이름 일부(Schrader, Ambros, Rüdriger, von der Linde)를 조합시킨 것으로, 세계대전 중의 생산량은 450킬로그램으로 추정됩니다. 또 화학 무기인 소만Soman은 1944년에 독일에서 개발되었고, VX는 1952년에 영국에서 발견되어 미국에서 개발되었습니다.

다음 페이지의 그림에서 보면 이들 신경 작용제의 화학 구조는 파라티온parathion이나 디클로르보스DDVP, 말라티온malathion 같은 유기인계 농약의 화학 구조와 매우 닮았습니다. 하지만 화학 무기는 사람에게 유해를 끼치려는 목적으로 개발되었다는 점이 농약과 큰 차이점입니다.

당시는 독극물이 사람에게 어떻게 작용하고 치사량이 얼마인지에 대한 자세한 조사는 이루어지지 않은 상태였습니다. 그것을 의도적으로 실행한 이들이 731부대였습니다. 731부대는 이시이 시로石井四郎라는 군의관 중장을 최고 지휘관으로 둔 집단(관동군 방역 급수부 본부, 통칭 만주 731부대)으로, 구 만주에서 생물 화학 무기를 개

신경 작용제의 예

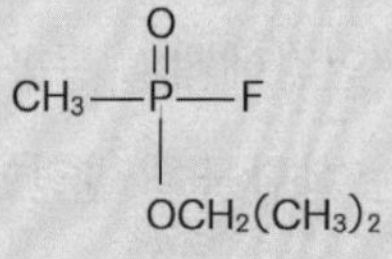

사린

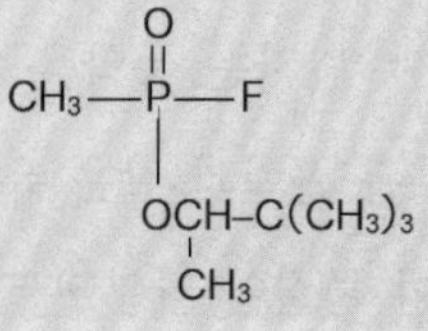

소만

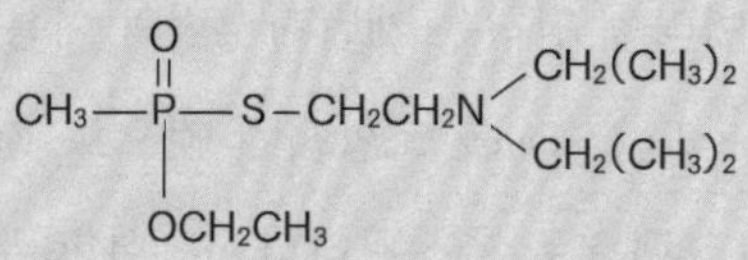

VX

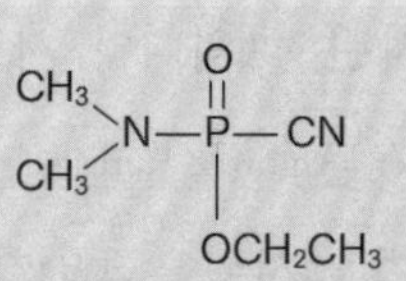

타분

유기인계 농약의 예

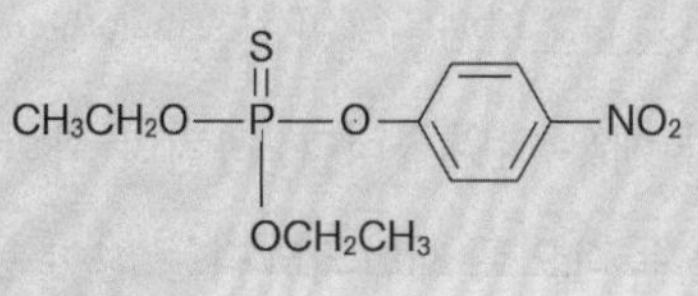

파라티온

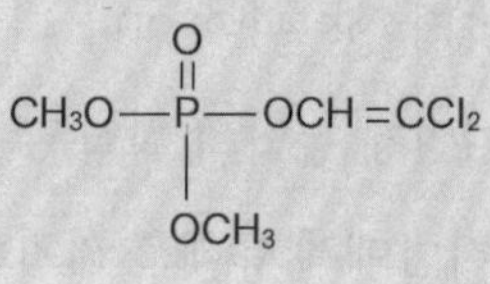

디클로르보스(DDVP)

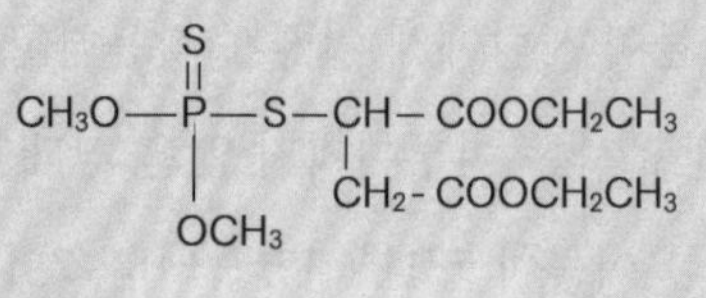

말라티온

발하기 위해 인체 실험을 계속했다는 사실이 밝혀졌습니다. 탄저균, 페스트균, 적리균, 콜레라균, 티푸스균, 결핵균과 같은 병원균 및 독가스 등을 사용하여 대상 지역에 뿌려서 질병을 발생시키고 그 증상과 사체의 모습, 치사량 등을 조사했다고 합니다.

1947년 미국의 세균전 연구 기관의 노버트 펠 박사가 이시이를 찾아가 한 가지 질문을 했는데 이시이는 다음과 같이 대답했다고 합니다. "탄저균이 가장 유효한 균이라고 확신한다. 대량으로 만들 수 있으며 저항력이 있어서 오랫동안 맹독성을 유지하고, 치사량은 80~90퍼센트에 달한다."

오쿠노에서의 독가스 제조

세토나이해에 있는 오쿠노大久野라는 작은 섬에서는 1929년부터 1945년까지 일본 육군에 의해서 총 6,700명(일부 중학생과 고등학생까지)이 강제로 동원되어 극비리에 독가스를 제조하였습니다. 제조한 것은 미란성 가스인 이페리트와 루이사이트lewisite, 재채기를 유발하는 디페닐사이아노아르신, 그 외 질식성 가스인 청산, 최루성 가스인 클로로아세토페논chloroacetophenone 등이었습니다. 이페리트는 앞에서 말한 것처럼 제1차 세계대전에서 독일이 프랑스를 상대로 사용한 독가스입니다. 실은 이미 1925년에 국제연맹의 제언으로 작성된 제네바 의정서에서 "질식성, 유독성 또는 같은 종류의 가스 및 세균학적 방법을 전쟁에서 사용하는 것을 금한다."라고 정하고 있었습니다.

처음에는 '화학공장'이라고 속여서 구인 광고를 냈습니다. 하지만 공장에서 일하던 노동자들은 방독 마스크를 쓰고 작업해야 했으므로 위험한 물질을 취급하고 있다고 바로 눈치챘습니다. 섬으로 배가 다니는 다다노우미 마을에는 헌병들이 철통같이 지키고 있었습니다. 마침내 생산이 궤도에 올라서 주력하던 미란성 가스를 약 3,000톤, 재채기를 유발하는 가스를 약 1,800톤을 제조했다고 합니다. 숫자만 들어서는 실감이 잘 나지 않겠지만, 액체 이페리트 1톤으로 1,000개의 독가스 병기를 만들 수 있습니다. 이 말은 곧 억 단위의 사람을 살상하는 양이라고 할 수 있겠지요.

일본군은 중·일 전쟁에 돌입한 1937년 무렵부터 중국의 군대와 민중을 대상으로 독가스를 사용하기 시작했습니다. 중국은 방호 능력이나 보복할 힘이 크지 않다고 생각하여, 우선 최루성 가스와 재채기성 가스를 사용했다고 합니다.

'일본군은 재채기성 가스를 발사한 후 곧바로 방독면을 장착하고 돌진하여 독가스를 마시고 괴로워하는 중국군들을 총검으로 찔러 죽였습니다.'(야마노우치 마사유키山内正之 감수, 『오쿠노섬 평화 학습 가이드북おおくのしま 平和学習ガイドブック』)

1939년이 되자 731부대의 협력을 얻어서 이페리트·루이사이트의 미란성 가스 사용을 단행하였습니다. 1942년에는 중국의 허베이성 베이위안마을에서 지하도를 통해서 도망치려는 마을 주민 1,000명을 독가스로 학살하는 사건을 일으킵니다. 일본군이 국세 조약을 위반하고 독가스를 사용한 사실에 대해서 미국은 '이대로 독가스를 사용한다면 미국도 일본에 대해서 사용할 용의가 있다.'고 1942년과 1944년 두 차례 위협했습니다.

패전이 임박하던 1945년 8월에는 731부대가 인체 실험을 자행하던 '포로(마루타라고 불렸습니다)'를 없애기 위해서 독가스를 사용했습니다. 또 중국과 오쿠노섬에서도 독가스를 폐기하고 유기하였습니다. 일본 내에서 유기하는 작업은 전쟁이 끝난 후 미국도 합세하여 각지의 바다와 육지에 투기하고 땅에 묻는 식으로 작업을 계속 진행했습니다.

한편, 오쿠노섬에는 당시 독가스와 접촉한 공장 노동자와 동원된 소년, 소녀, 폐기 작업원 중에 목숨을 잃거나 후유증을 앓고 살아가는 이들이 많았습니다. 하지만 극비 임무였다는 이유로 보상을 받기 어려웠습니다. 더구나 도쿄 재판은 미국이 731부대와 독가스 문제를 묻지 않기로 했기 때문에, 관계자들이 전범자로 심판받지 않았습니다. 또한, 관계자의 대외적인 반성도 사죄도 이루어지지 않았습니다. 미국은 세균·생물학 무기·독가스 연구를 추진하기 위해 전범들의 책임 추궁을 미루었던 것입니다. 미국이 독가스와 관련한 지식과 경험을 독점하여 이 분야에서 우위를 점하는 것을 최우선으로 했기 때문일 겁니다.

오쿠노섬에서 일본이 독가스를 제조하고 있었다는 사실은 미국 측 자료를 근거로, 1984년 6월 15일 일본 매스컴이 다루기 시작하면서 세상에 밝혀졌습니다. 아무리 전쟁 중이라고는 하지만 너무나 잔혹한 일이 국민이 모르는 사이에 자행되고 있었던 겁니다.

전쟁은 범죄이며 미친 짓이라고 흔히 말합니다. 화학 무기나 생물학 무기의 사용을 조약에서는 금지하고 있지만, 전쟁이 시작되면 조약은 실효성을 잃습니다. 화학 무기는 전쟁이 낳은 괴물입니다. 이러한 어리석은 일들을 당장 멈춰야 합니다.

제국은행 사건

"이 근방에서 적리(급성 전염병인 이질의 하나-역주)가 발생했다고 GHQ(연합국총사령부)에 보고가 있었습니다. 지금 바로 적리 예방약을 먹어야 하므로 모두 모여 주세요."

사건 발생은 1948년 1월 26일, 장소는 현재의 도시마구에 있었던 제국은행 스이나쵸椎名町 지점에서 일어났습니다. 은행 문을 막 닫은 오후 3시 5분에 말쑥한 차림의 한 남자가 들어왔는데, 남자는 도쿄도의 마크와 '방독 소독원'이라는 문자가 새겨진 완장을 차고 있었습니다.

"약은 두 종류입니다. 첫 번째 약을 먹고, 1분 있다가 두 번째 약을 드세요."

남자는 약을 먹는 방법까지 알려주었습니다.

이 사건은 이른바 '제국은행 사건'이라 불리며, 범인은 은행원 16명에게 적리 예방약이라고 속이고 청산(사이안화) 화합물을 먹여서 12명이 사망하였습니다. 범인은 현금 약 16만 엔과 수표 1장을 빼앗아 도주했습니다.

같은 해 8월 21일 범인으로 체포된 사람은 56세의 템페라Tempera 화가인 히라사와 사다미치였습니다. 템페라화는 이탈리아 르네상스 시대에 발달한 회화 기법으로 안료를 기름에 녹여서 그리는 유화와 달리 안료를 달걀노른자 등으로 녹여서 그립니다. 보티첼리의 유명한 작품 '비너스의 탄생'이 대표적입니다. 일본화에서는 달걀 노른자 대신 아교를 사용하기도 했습니다. 1955년 4월 최고 재판에서 사형이 확정된 히라사와는 39년간의 옥중 생활(사형수로 확정된 후 32년) 대부분을 미야기 형무소에 수감되어 있다가, 1987년 5월 10일 아침 하치오우지 의료 형무소에서 95세의 생을 마감했습니다.

그런데 제국은행 사건에 사용된 약물은 청산 칼륨과 같은 흔한 것이 아니었습니다. 작용이 나타나기까지 시간이 걸리는 아세톤 사이아노히드린acetone cyanohydrin이 아니었을까하는 주장도 있습니다. 만일 이때 사용된 약물이 아세톤 사이아노히드린이라면 진범은 따로 있으며, 그뿐만 아니라 범인은 731부대의 관계자였지 않았을까 하는 추측과 의문이 오늘날까지 남아 있습니다. 작가인 마쓰모토 세이초松本清張는 히라사와의 무죄를 주장하는 『소설 제국은행 사건』(국내에서는 『일본의 검은 안개』 하편으로 엮여 출간되었다. 김경남 번역, 모비딕-역주)을 썼습니다.

각성제의 출현

우선 다음 포스터를 한번 봐 주기 바랍니다. 체력을 키우고 권태감과 졸음을 없애고 작업 능률을 증진시킨다는 소위 '필로폰 정'의 선전 포스터입니다. 과거에 각성제는 일본의 약국에서 자유롭게 살 수 있던 약이었습니다. 사람을 각성시키고 정신을 번쩍 들게 하는 약이라고 해서 '각성제'라는 이름이 붙여졌습니다. 사실 각성제라는 말에 나쁜 의미는 없었습니다.

1951년 시행된 '각성제 단속법'에 기재된 것은 메스암페타민과 암페타민, 두 가지입니다. 이 중에서 메스암페타민의 합성은 일본에서 이루어졌습니다. 일본의 근대 약학의 선구자인 나가이 나가요시長井長義 박사팀이 한약 '마황'에서 천식약으로 사용하던 에페드린을 단리했을 때, 에페드린의 화학 유도체의 하나로 만들어졌습니다. 1893년의 일입니다.

일본에서 각성제가 얼마나 무서운지에 대해서 인식하기 시작한 것은 전쟁 이후입니다. ‘약물이 인격을 변화시킨다니 말도 안 돼.’라고 생각할지 모르지만, ‘한 번쯤이야 괜찮겠지.’라는 안이한 생각이 드는 것도 사실입니다. 그래서 교육이 꼭 필요합니다. 약물은 정신적인 의존도가 너무 강해서 끊기가 어려운 것이 사실입니다. 약물을 끊은 후에도 술을 마시거나 하면 약물을 투약할 때처럼 환각 등이 보인다는 무서운 사실을 꼭 가르쳐야 합니다. 필로폰은 ‘샤브’ 혹은 ‘S’, ‘스피드’, ‘아이스’ 등의 가벼운 이름으로 불리기도 하는데 모두 똑같은 약물입니다. 각성제에 대해서는 7장에서 다시 설명하겠습니다.

‘피로 회복 각성제’라는 이름으로 홍보되고 있는 필로폰 정. 대일본제약주식회사에서 제조·판매한 제품으로 과도한 육체·정신 활동, 철야, 야간 작업, 피로, 숙취, 멀미, 각종 우울증 증상 등에 복용하며, 체력 항진, 권태감·졸음 없앰, 작업 능률을 증진하는 효과를 낸다고 소개되어 있다.

고엽제 작전과 다이옥신

베트남 전쟁 당시 미군은 베트콩이라 불리던 게릴라의 은신처를 파괴하고, 농작물을 말라 죽게 하여 식량 보급원을 끊으려는 목적으로 다량의 제초제를 공중에서 살포했습니다. 이른바 '고엽제 작전'이라고 하여 다량으로 살포된 제초제에는 그 제조 과정에서 부산물로 생기는 다이옥신류가 섞여 있었습니다. 다이옥신류에는 강한 발암성과 기형을 유발하는 물질이 있다고 알려지면서, 베트남 인민과 베트남 전쟁 후 귀환한 미군 병사들에게 크나큰 상처를 남겼습니다. 베트남에서는 장애를 입은 아이들이 많이 태어났습니다. 1981년에 태어난 베트와 도크라는 이름의 샴쌍둥이 형제는 하반신이 붙은 상태로 태어났습니다. 1988년 형인 베트가 급성 뇌증을 앓게 된 것을 계기로 두 아이를 분리하는 수술이 일본에서 이루어졌습니다. 하지만 2007년 10월 6일 베트는 26세의 나이로 사망하였습니다.

19세기 이후 인류는 유기 화합물을 인공적으로 합성하는 기술을 손에 넣었습니다. 그 결과 지금까지 말한 다이옥신, PCB, DDT, CFC(프레온 가스)라는 환경과 생물에 중대한 영향을 미치는 화합물이 탄생하게 되었습니다.

자연에 존재하는 유기 화합물에는 염소를 함유하고 있는 경우가 드뭅니다. 하지만 화합 합성으로 얻어진 유기 화합물에는 염소를 함유한 것이 많습니다. 이것은 화학 공업의 원료로써 중요한 수산화 나트륨과 관련이 있습니다.

바닷물에서 그야말로 무진장한 소금을 분해하여 나트륨을 얻고, 거기에서 수산화 나트륨을 제조합니다. 하지만 결과적으로 수산화 나트륨 제조와 동시에 다량의 염소도 생성됩니다. 그래서 이를 유기 합성에 이용하고자 하였고, 그 결과 생성된 화합물이 합성수지인 폴리 염화비닐 및 γ-BHC(WHO가 화합물 BHC의 명칭을 HCH로 변경하였다-역주)와 PCB 등입니다.

현재 이들 화합물은 잔류성이 높고 독성이 강해서 소각 처리를

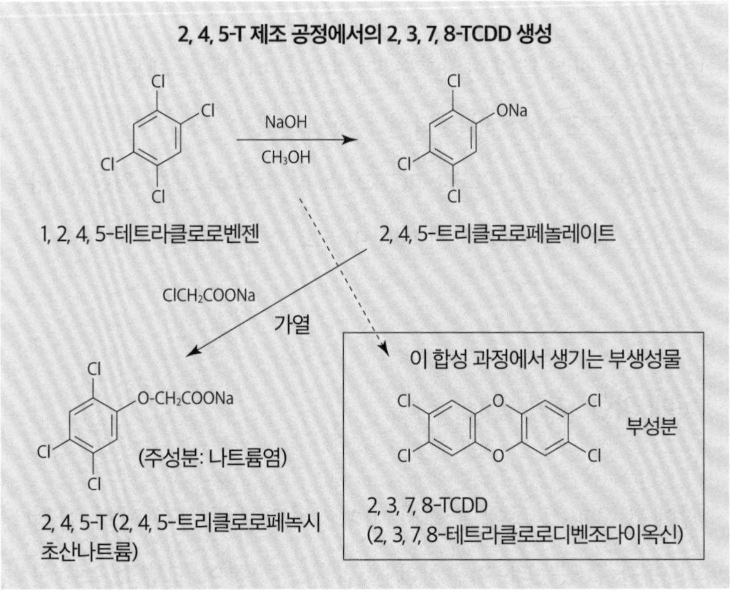

다이옥신류와 관련 화합물의 예

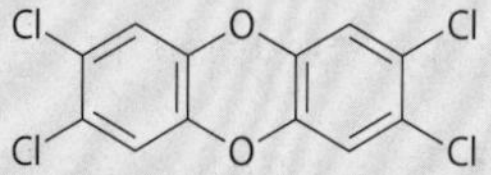

2, 3, 7, 8-TCDD
(2, 3, 7, 8-테트라클로로디벤조다이옥신)

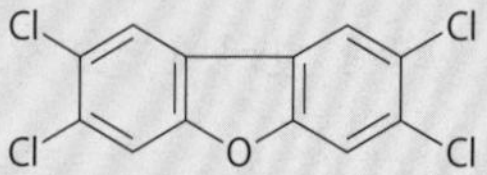

2, 3, 7, 8-TCDF
(2, 3, 7, 8-테트라클로로벤조퓨란)

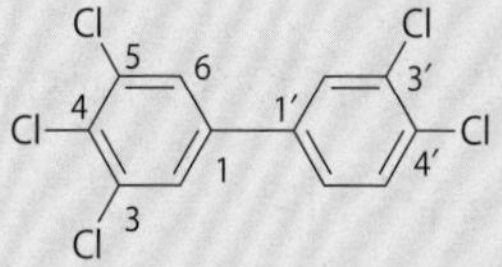

3, 3', 4, 4', 5-PCB (코프라나-PCB 중 하나)

하면 다이옥신이 발생한다고 알려져 있습니다. 이 때문에 버릴 수도 없고 소각도 할 수 없는 딱한 상황입니다.

PCB 중에서도 코프라나-PCB의 독성이 특히 강한 것은 다이옥신과 같은 입체 구조를 갖기 때문이라고 합니다.

독에 의한 사형 집행

앞에서 우파스 독에 관해서 이야기하면서 폭력적 사형 집행(살인)의 예를 들었는데, 지구상에는 법률로 정하여 합법적으로 사람을 죽게 하는 경우가 있습니다. 유럽에서는 사형을 폐지한 국가가 많지만, 중국이나 인도, 일본, 사우디아라비아, 미국의 일부 주 등에서는 사형이 합법적으로 집행되고 있는 것이 사실입니다. 일본에서는 교수형이지만 국가에 따라서 약물로 사형을 집행하는 곳도 있습니다.

2006년 9월 중국의 다롄大連공항에서 일본으로 2.5킬로그램 가량의 각성제를 밀반출하려다가 체포된 일본인 남성의 사형이 2010년 4월 6일 다롄 구치소에서 집행되었습니다. 같은 해 4월 9일에는 동일한 죄목으로 다롄 구치소에서 일본인 남성 두 명과 선양瀋陽의 구치소에서 일본인 남성 한 명의 사형이 집행되었습니다.

중국에서의 사형 집행은 총살이 아닐까 생각했는데, 실은 모두 약물을 이용한 사형이었습니다. 살인 등의 흉악 범죄가 아닌 각성제 밀반출이라는 범죄로 사형이 집행된다는 사실에 일본에서는 상당히 동요가 컸습니다. 중국의 형법에는 각성제 50그램 이상의 밀수에 대해서 '징역 15년, 무기 징역 또는 사형'이라고 명시되어 있습니다.

장소가 바뀌면 집행 방법도 달라지겠지만 미국의 어느 주에서는 사형 집행에 티오펜탈 나트륨thiopental natrium, 브롬화 판큐로늄pancuronium bromide, 염화 칼륨의 약물 세 종이 사용된다고 합니다. 이 중에서 티오펜탈 나트륨은 수면제 역할을 하고, 브롬화 판큐로늄은 근육 이완 작용을 일으키며, 염화 칼륨은 심장을 정지시키는 역할을 합니다. 참고로 티오펜탈 나트륨은 유명 여배우인 마릴린 먼로의 죽음과도 관련이 있다고 의심되는 수면제인 펜토바르비탈 나트륨pentobarbital natrium과 유사한 화합물입니다. 또 염화 칼륨은 1991년에 발생한 도카이東海대학 안락사 사건에서도 사용된 약물이기도 합니다.

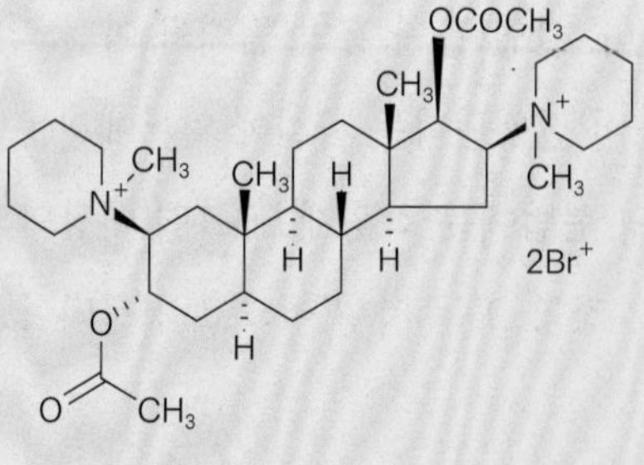

브롬화 판큐로늄

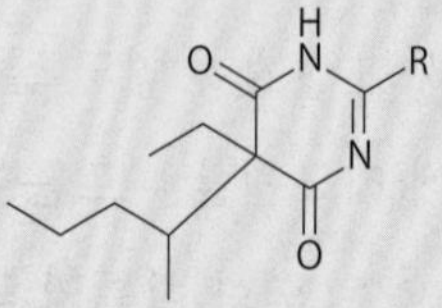

티오펜탈 나트륨 R=SNa

펜토바르비탈 나트륨 R=ONa

제4장 음식과 독

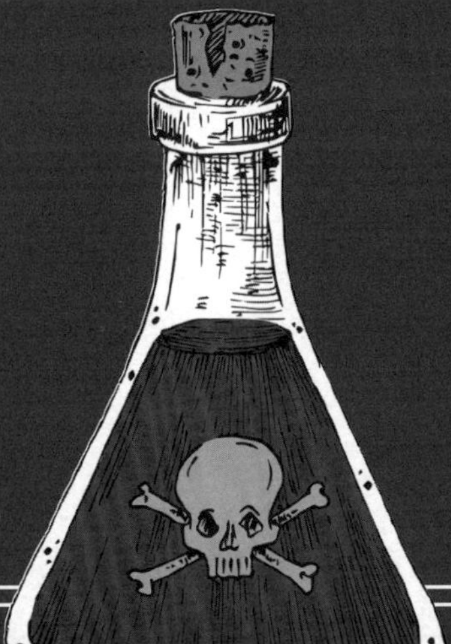

우리가 독이나 약이라고 말하는 대부분의 물질은 입을 통해서 들어오기 때문에, 기원을 따지자면 음식이었을 겁니다. 어떤 음식(특히 식물)을 먹었는데 몸에 이상이 생겼다면 혹시 '독'이 아닐까 의심했겠지요. 또 어떤 식물을 먹어서 설사를 했다면, 반대로 변비 때 그 식물을 먹어서 변을 잘 보도록 했을 겁니다. 이렇게 인류는 독이나 약이 되는 것을 하나씩 발견하고 응용해왔습니다.

한편, 동물이나 식물이 독을 가진 이유는 생물 진화의 결과입니다. 우연히 우리가 독이라고 부르는 성분을 가지고 있을 뿐이며, 그저 그 생물이 살아남는 데 유리했을 것이라 생각됩니다.

예를 들어 청자고둥은 움직임은 느리지만 강렬한 독침을 쏠 수 있습니다. 독침을 쏘아서 먹이를 잡거나 다른 포획자로부터 몸을 보호할 수 있습니다. 청자고둥이 의식적으로 '난 몸이 느리니까 독을 가져야겠다'라고 판단해서 독침을 갖게 된 것이 아니라 우연히 우리가 '독'이라고 말하는 물질을 가지고 태어났다고 보는 편이 맞을 것 같습니다.

오래전부터 중국에서 전해 오는 '약식동원藥食同源'이라는 말이 있습니다. '약과 음식의 근원은 같다.' 즉 병을 고치는 약과 우리가 매일 먹는 음식은 모두 생명을 키우고 건강을 유지하는 데 빠질 수 없다는 의미입니다.

이에 반해서 '의식동원醫食同源(음식을 먹는 것과 병을 치료하는 것은 인간이 건강을 유지하도록 하므로 근원이 같다)'이라는 말도 있습니다. 이 말은 도쿄에서 병원을 개업한 아라이 히로히사新居裕久(1928~2008)가 NHK의 요리 프로그램 '오늘의 요리'에서 발간하는 월간지 『오늘의 요리』 9월호 특집(1972년) '마흔 살부터의 식사'에서 처음으로 사용하기 시작했습니다. 그는 '약식동원'이라고 하면 '약'이라는 단어가 화학 약품을 연상시키기 때문에 사용을 꺼렸다고 했습니다. 또 "음식은 배고플 때 먹으면 식食이 되고, 아플 때 먹으면 약藥이 된다."는 말도 했습니다.

저는 '약식동원'에 대해서 '약독동원薬毒同源'이라고 말합니다. 독과 약의 근원은 같다는 의미입니다. 생물 활성이 있는 것은 사용 방법에 따라서 독이 될 수도 있고 약이 될 수도 있습니다.

독버섯에 의한 중독

매년 가을이 되면 신문 한쪽에 눈에 띄는 기사가 있습니다. 독버섯 중독에 관한 기사입니다. 독버섯 중독은 자연 독에 의한 중독의 70퍼센트, 또 자연 독 중독으로 인한 사망자의 60퍼센트를 차지한다고 알려져 있습니다. 독버섯인지 아닌지를 구별할 수 있으면 사고를 막을 수 있지만, 판별력을 하루아침에 터득하기는 어렵습니다. 독버섯인지 의심이 가면 먼저 전문가에게 물어보는 것이 가장 좋습니다.

독버섯을 구별하는 방법에 관해서는 많은 속설이 있습니다. 예를 들어 다음과 같은 구별법인데 모두 근거가 없는 이야기이며, 예외가 있으므로 주의가 필요합니다.

1) 세로로 찢어지는 것은 먹을 수 있다.
2) 색이 지나치게 진하면 독버섯이다.
3) 벌레가 붙어 있는 것은 먹을 수 있다.
4) 독버섯이라도 가지와 같이 삶으면 먹을 수 있다.
5) 소금에 절이면 독버섯도 먹을 수 있다.
6) 개나 고양이, 닭에게 먹여서 괜찮으면 먹을 수 있다.

독버섯의 중독 증상은 다음과 같이 크게 세 가지로 나눌 수 있습니다. 이들 각 증상을 나타내는 독버섯 중에서 대표적인 것들을 예로 들어 자세히 설명하겠습니다.

독버섯의 중독 증상별 분류

위장 증상형 섭취 후 삼십 분에서 한 시간 후에 메스꺼움·구토·설사	삿갓외대버섯 화경버섯 담갈색송이 노란다발버섯 독은빛그물버섯 붉은싸리버섯
콜레라와 비슷한 증상형 여섯 시간 이상의 잠복기 이후, 복통·수양성 설사(세균에 의해서 발생하는 물 설사-역주)·탈수 증상·급성 간염·신장염	알광대버섯 독우산광대버섯 흰알광대버섯 독황토버섯 개나리광대버섯 마귀곰보버섯 큰주머니광대버섯
신경계 증상형 1) 무스카린과 비슷한 증상형 섭취 후 십 분에서 삼십 분 무렵부터 발한·점액의 분비가 많아짐·의식 상실	땀버섯속 깔때기버섯속 등

2) 아트로핀과 비슷한 증상형 섭취 후 삼십 분에서 세 시간 무렵부터 과도한 흥분·침·근섬유성 경련	마귀광대버섯 광대버섯 붉은주머니광대버섯
3) 환각제 중독형 섭취 후 삼십 분에서 한 시간 무렵부터 환청·환시·정신 착란·근육 이완	저림가락지버섯 청환각버섯 말똥버섯 검은띠말똥버섯
4) 홍색 사지 통증형 섭취 후 여섯 시간 이상의 잠복 기간 후, 불쾌감·구토·손발 끝이 저림·작열감·심한 통증	독깔대기버섯
5) 안타부스Antabuse와 비슷한 증상형 술과 함께 먹었을 때 한해서 삼십 분에서 한 시간 후 안면·경부·손·흉부의 홍조 현상이 나타나며, 두근거림·두통은 보통 하루에서 이틀 정도 계속됨	배불뚝이깔대기버섯 두엄먹물버섯 비늘버섯

출처: 고야마 쇼헤이小山昇平,『일본의 독버섯 150종日本の毒キノコ150種』, 214쪽

먼저 위장 증상형에서 독버섯인 화경버섯을 모르고 섭취하게 되면 구토, 복통, 설사와 같은 위장 증상이 나타납니다. 화경버섯

은 표고버섯과도 비슷한 색깔을 띠며 얼핏 보기에 먹을 수 있을 것처럼 보입니다. 그래서인지 일본에서는 중독 피해가 상당히 큽니다. 화경버섯에는 발광 성분이 있어서 어두운 곳에서 청백색으로 빛납니다.

화경버섯. 낙엽버섯과로, 표고버섯으로 잘못 알고 먹어서 중독되는 일이 많다. 갓 뒷면의 흰색 주름이 어두운 곳에서 형광의 녹색으로 발광한다(고야마 쇼헤이, 『일본의 독버섯 150종』, 32쪽)

주요 증상은 심한 구토와 설사지만 위험한 상태에 이르는 일은 거의 없다고 합니다. 일본 국내에서 유독 물질 연구팀과 암세포 억제 물질 연구팀이 서로 다른 측면에서 이 버섯의 성분을 분리하는 연구를 했습니다. 그리고 각각 루나마이신lunamycine과 램프테롤lampterol이라고 이름 붙였습니다. 하지만 그 이전에 미국의 연구팀이 다른 발광 버섯에서 발견하여 이름 붙인 일루딘 SIlludin s의 화학 구조가 화경버섯의 화합물과 일치하기 때문에 현재는 일루딘류의 명칭으로 통일되었습니다.

이처럼 화경버섯에는 독성분인 일루딘 S와 일루딘 M의 존재가 알려지고 실험적으로 항암 작용이 있다는 사실도 밝혀졌지만, 독성 문제 때문에 지금 현재는 치료에 응용되지 못하고 있습니다.

일루딘류의 화학 구조

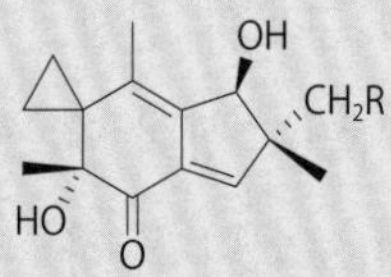

일루딘 M　R=H
일루딘 S　R=OH

참고로 화경버섯의 발광 성분은 루시페린luciferin이며 여기에 루시페레이스luciferase라는 산화 효소가 작용하여 발광 현상이 일어난다고 밝혀졌습니다.

다음으로 콜레라와 비슷한 증상형에서 중독 작용을 보이는 독버섯은 독우산광대버섯*Amanita virosa*, 개나리광대버섯*Amanita subjunguillea*, 흰알광대버섯*Amanita verna* 등이 있습니다. 모두 독우산광대버섯속의 버섯이며 다음 페이지에서 소개할 아마니틴amanitin류의 생명을 위협하는 맹독 성분이 들어 있습니다.

개나리광대버섯은 너도밤나무, 물참나무와 같은 활엽수에서 기생합니다. 대(자루)와 대주머니는 흰색이며 버섯갓은 가는 선이 없는 매끄러운 올리브색입니다. 매우 위험한 독버섯이므로 주의가 필요합니다. 유럽에서는 많은 지역에서 자생하며 버섯 중독의 원인 90퍼센트를 차지한다고 할 정도로 무서운 버섯입니다.

버섯의 중독 증상은 두 단계로 나타납니다. 우선 섭취 후 여섯 시간 이상 지나면 콜레라처럼 심한 구토와 설사, 복통이 나며, 시간이 지나면 증상이 약해져서 나아지는 것처럼 보입니다. 하지만 며칠이 지나면 다음 증상이 나타나는데, 간장과 신장 등이 손상되어 심하면 혼수상태에 빠지기도 합니다. 독성이 나타나는 두 번째 단계에서 목숨을 잃는 일이 많습니다.

독우산광대버섯. 광대버섯과로, 기품 있는 모습에 사람들이 잘 속는다.

독우산광대버섯의 영어 이름은 '파괴의 천사', '죽음의 천사'입니다. 그만큼 독성이 매우 강하고 위험합니다. 독우산광대버섯은 전체가 흰색이고 크기가 큰 버섯입니다. 갓의 지름은 5~15센티미터로 달걀 모양에서 가운데가 볼록하게 솟은 모양을 띱니다. 대의 길이는 15~25센티미터인 것도 있습니다. 분포 범위가 넓고 마을 야산에서 깊은 산까지 어디서나 볼 수 있습니다. 나오는 시기도 초여름 장마 때부터 늦가을까지 길어서 버섯을 채취하려고 산에 오르면 꼭 한두 개는 볼 수 있을 정도입니다. 버섯갓 표면은 부드럽고 마르면 만두피처럼 광택이 납니다. 개나리광대버섯과 마찬가지로 뿌리 근처에 대주머니가 있으며 대 부분의 결이 가늘게 갈라진 것이 특징입니다.

아마니틴류의 화학 구조

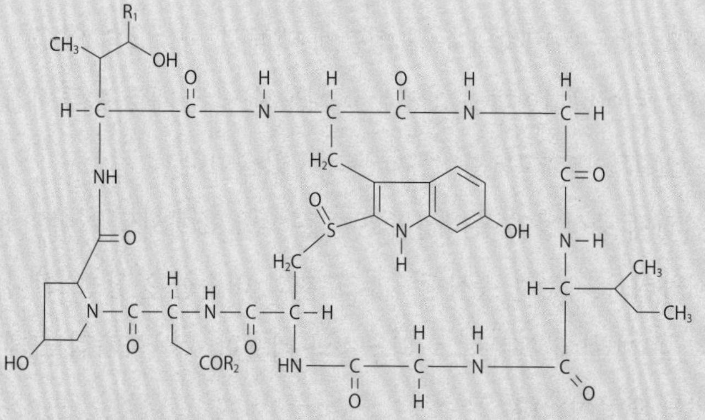

	R_1	R_2	LD_{50}(mg/kg)
α-아마니틴	CH_2OH	NH_2	0.3
β-아마니틴	CH_2OH	OH	0.5
γ-아마니틴	CH_3	NH_2	0.2
ε-아마니틴	CH_3	OH	0.3

흰알광대버섯의 크기는 작거나 중간 정도로 갓의 지름은 4~10 센티미터입니다. 범종 모양에서 납작하게 퍼지며, 흰색이지만 가운데가 옅은 노란빛을 띠기도 합니다. 주름살과 대도 흰색입니다. 뿌리에 대주머니가 있는 것은 독우산광대버섯과 같지만, 대에 결이 갈라져 있지 않고 표면이 매끄러우며 촘촘한 비늘잎에 덮여 있습니다. 침엽수나 활엽수 등 다양한 종류의 수목 근처 등에서 볼 수 있습니다. 역시 맹독성이 있어서 위험합니다. 개나리광대버섯

과 유사한 버섯에 중독되면 치사율이 높아서 특히 주의가 필요합니다.

이와 같은 독버섯의 유독 성분에 대해서는 상당히 연구가 진행되었으며 아마니틴류라고 하는 아미노산 일곱 개로 이루어진 펩타이드(알칼로이드라고도 함) 등이 알려져 있습니다.

신경계 증상형의 독버섯의 독성은 앞의 표에서도 이야기했듯이 무스카린과 비슷한 증상형, 아트로핀과 비슷한 증상형, 환각제 중독형, 홍색 사지 통증형, 안타부스와 비슷한 증상형처럼 크게 다섯 가지로 분류합니다.

땀버섯은 무스카린muscarine이 들어 있어서 중독되면 이름 그대로 엄청난 양의 땀을 흘립니다. 아트로핀과 비슷한 증상형에 속하

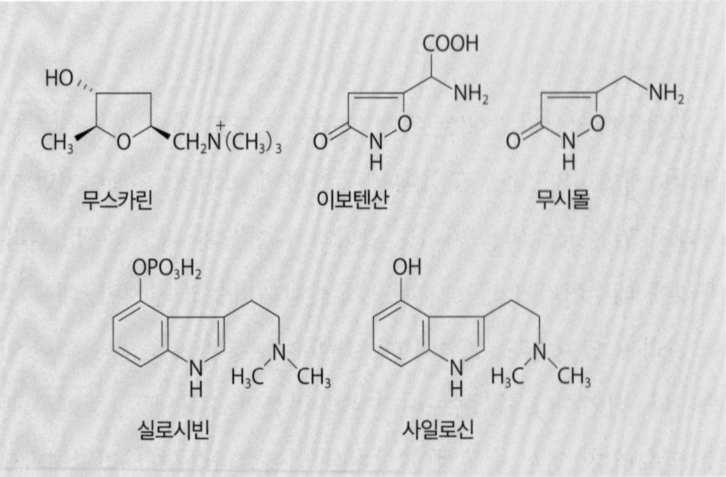

는 마귀광대버섯에는 이보텐산ibotenic acid과 그 분해물인 무시몰muscimol이 단리되어 있어서 뇌를 흥분시키는 작용을 합니다. 이보텐산에는 파리를 죽이는 작용과 단맛이 있습니다. 환각제 중독형에 속하는 예로 저림가락지버섯을 들 수 있습니다. 이 버섯에는 환각 작용을 하는 실로시빈psilocybin 및 사일로신psilocin이 포함되어 있습니다.

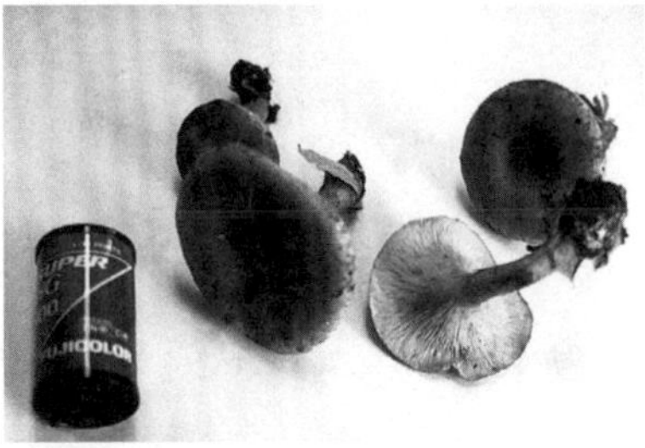

독깔대기버섯

홍색 사지 통증형을 일으키는 독깔대기버섯의 독작용은 상당히 무섭습니다. 섭취 후 얼마 동안의 잠복기가 지나면 손발 끝, 코, 음경 등 신체 말단이 빨갛게 부어오르고 부젓가락에 찔린 듯한 심한 통증이 한 달 이상 계속된다고 합니다. 독깔대기버섯에서는 몇 개의 알칼로이드가 확인되었지만 이 화합물과 독성과의 관계는 아직 잘 알려지지 않았습니다. 극심한 통증을 유발하는 독성 작용으로 인해서 동물 실험을 제대로 진행하지 못하기 때문입니다.

안타부스와 비슷한 증상형의 예로는 두엄먹물버섯이 있습니다. 두엄먹물버섯은 봄과 가을에 정원 한쪽이나 밭 등에 군생하는 독버섯입니다. 흰색이고 버섯 갓의 크기는 5~7센티미터로 얼핏 귀엽게 보이지만 하룻밤 사이에 검게 변해 버려서 '먹물'이라는 이름

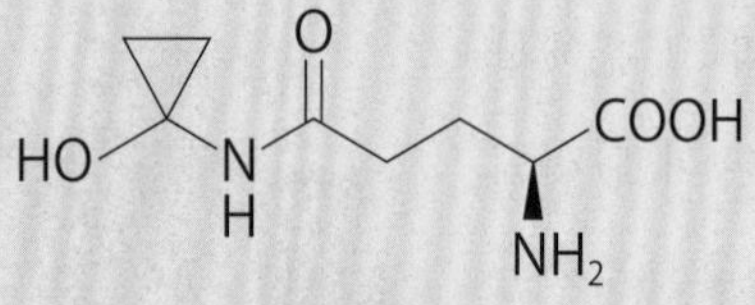

코프린

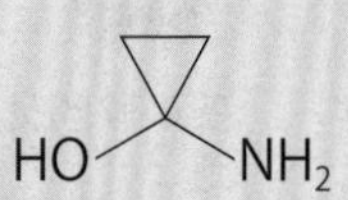

1-아미노사이클로프로판올

이 붙었습니다. 먹물버섯의 독성에는 흥미로운 성질이 있습니다. 버섯만 먹어서는 중독을 일으키지 않지만, 술과 같이 먹으면 아무리 술이 센 사람이라도 안면 홍조와 더불어 맥박이 빨라지고 손이 팽창하는 느낌이 들며, 울렁거림과 구역질, 구토 등의 숙취 증상이 나타납니다.

독성 성분으로는 코프린coprine이 알려져 있습니다. 코프린은 체내에서 분해되어 L-글루탐산L-glutamic acid과 1-아미노사이클로프로판올1-aminocyclopropanol이 되는데, 후자의 성분이 알콜 대사에 의해 생기는 아세트알데하이드를 아세트산으로 변환하는 효소 작용을 저해합니다. 그래서 체내에 아세트알데하이드가 축적되어 심한 숙취 증상을 일으키는 것입니다.

가부키 배우의 죽음과 복어 독

식중독에는 병원 미생물에 의한 것도 있지만, 산나물로 잘못 알고 먹는 독초, 독버섯에 의한 중독도 있습니다. 또 복어를 잘못 조리하여 중독되는 일도 있습니다. 복어는 속칭 '대포'라고도 하는데 중독되면 죽기 때문입니다. '복어는 먹고 싶고 목숨은 아깝고'라는 일본 속담도 있는데, 맛있는 복어는 먹고 싶지만 자칫 독성 때문에 죽을지도 몰라서 주저한다는 의미입니다. 세간에 자주 오르내리는 말 중에서 '동쪽의 산나물·버섯, 서쪽의 복어'라는 말이 있습니다. 일본의 동쪽 지방에서는 산나물과 버섯을 잘못 먹어서 중독되고, 서쪽 지방에서는 복어 중독이 많다는 경고입니다.

복어 중독으로 세상을 떠난 유명인으로는 가부키 배우이자 일본의 무형 문화재로 선정되었던 반도 미츠고로(1906~1975)가 있습니다. 그는 독서가로 유명하지만, 미식가로도 잘 알려져 있었습니다. 그런데 1975년 1월 15일 저녁 교토의 복어 요리점에서 자주복의 간 4인분을 먹은 후, 다음 날 새벽 3시경에 고통을 호소하며 구급차로 병원에 실려 갔지만, 두 시간도 채 되지 않은 오전 4시 40분에 세상을 떠났습니다. '한 접시만 더', '한 접시만 더'하며 주문을 부탁하는 그에게 어쩔 수 없이 '복어의 간'을 내놓은 요리사는 업무상 과실 치사죄 및 교토부 조례 위반으로 금고 4개월, 집행 유예 2년의 유죄 판결을 받았습니다. 교토부는 '복어 취급에 관한 조

테트로도톡신의 화학 구조

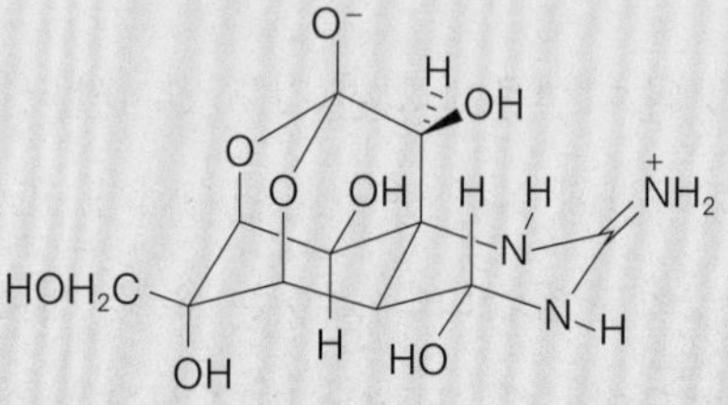

테트로도톡신

례'에서 복어 간을 손님에게 요리로 내는 것을 금하고 있습니다.

복어 독을 연구하여 독 이름을 테트로도톡신tetrodotoxin, TTX으로 정한 것은 일본에서 처음으로 약학 박사 학위를 받은 나와라 요시즈미田原良純(1855~1935)입니다. 이후 테트로도톡신의 화학 구조가 밝혀진 것은 1964년의 일입니다.

복어 독에 중독되었을 때의 응급조치로는 기도를 확보하는 일이 중요합니다. 인공호흡기로 처치하는 기술이 발달하면서 치사율이 약 6퍼센트까지 내려갔으며, 연간 복어 중독에 의한 사망자는 크게 줄었습니다. 과거에는 복어를 먹고 체했을 때 '얼굴만 내놓고 전신을 모래찜질하면 좋다.'라는 민간요법이 있었는데, 물론 근거 없는 미신입니다.

머위. 국화과로 이른 봄에 피는 꽃줄기가 머위의 꽃대이다. 간장 장애를 일으키는 알칼로이드가 함유되어 있지만, 떫은맛을 빼고 조금 먹는 정도는 크게 문제가 없을 것이다.

떫은맛과 고사리, 머위의 꽃대

고사리에는 동물 실험 결과 100퍼센트 발암 물질인 프타퀼로사이드ptaquiloside라는 화합물이 들어 있다고 밝혀졌습니다. 프타퀼로사이드는 서서히 진행되는 독으로 독성을 알아채기가 어렵습니다. 강연회 등에서 고사리의 발암 물질에 관해서 이야기하면 모두 두려워합니다. 하지만 고사리를 베이킹소다를 넣은 끓는 물에 데친 후 그대로 담가두어 떫은맛을 제거해주면 프타퀼로사이드는 분해됩니다. 또 분해되지 않은 대부분은 데친 물 쪽으로 빠져나간다고 합니다.

한편, 머위의 어린 꽃대에는 피롤리지딘pyrrolizidine계 알칼로이드가 들어 있습니다. 이 알칼로이드에는 간 독성이 있는데 고사리와 마찬가지로 데친 후 물에 담가두면 상당 부분 독성이 제거됩니다. 한마디로 예로부터 전해오는 방법으로 조리하여 계절의 맛을 즐길 정도만 섭취하면 문제가 없다고 할 수 있습니다.

한때 몸에 좋은 야채라고 알려졌던 컴프리comfrey에도 피롤리지딘계 알칼로이드가 들어 있습니다. 컴프리는 떫은맛을 제거하지 않고 생즙으로 마시거나 튀김으로 요리하기도 했습니다. 하지만 간을 손상시킨다는 사실이 밝혀지면서 일본의 경우 현재는 후생노동성에서 먹지 않도록 주의가 내려진 식물입니다(2001년 식약청에서도 수입과 사용을 금지했다-역주).

해외의 이야기를 소개해 보겠습니다. 자메이카의 어느 지역에서 간 기능 장애를 겪는 주민이 많다는 보고가 있었습니다. 조사 결과 이 지역에서는 근처에 자생하는 식물을 채취하여 차로 마시는 습관이 있었는데, 그중에 개쑥갓류가 섞여 있었습니다. 개쑥갓류에는 피롤리지딘계 알칼로이드가 들어 있습니다. 피롤리지딘계 알칼로이드는 다른 과의 식물이나 해양 식물 등에도 나타나는데 금방망이속*Senecio*의 식물에 많다고 하여 세네시오 알칼로이드라고도 부릅니다.

은행을 다량으로 섭취하여 중독을 일으키는 구조

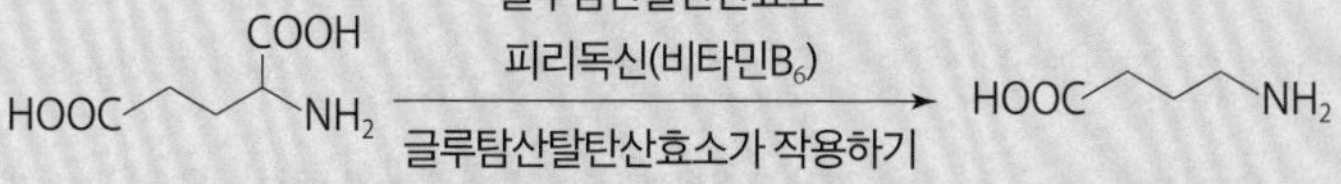

글루탐산

GABA

글루탐산탈탄산효소가 작용하기 위해서는 피리독신의 도움이 필요한데, 은행에 들어 있는 4'-*O*-메틸피리독신은 그 활성을 저해한다.

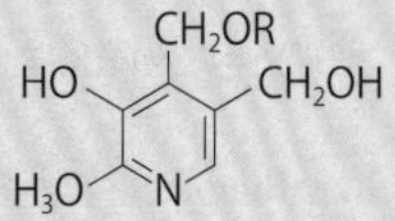

피리독신(비타민B_6) R = H

4'-*O*-메틸피리독신 R = CH_3

은행나무의 열매, 은행

은행의 독성

은행을 많이 먹고 경련을 일으켰다는 사고가 의외로 잦으므로 특히 유아에게는 주의가 필요합니다. 41세의 여성이 은행 60개를 먹고 나서 네 시간 후부터 구역질, 구토, 설사, 어지럼증, 양 팔의 떨림과 오한을 호소하며 응급실로 실려 온 예도 있습니다.

이 여성은 '은행 중독'으로 진단받고 피리독살인산pyridoxal phosphate(비타민 B_6) 400mg(8mg/kg)을 경구 투여하여 증상이 개선되었다고 합니다(미야자키 오타宮崎大他, 『일본 구급 의학회 잡지日本救急医学会雑誌』, 2010년, 21권 956쪽). 우리 뇌에 GABA라는 γ-아미노부티르산γ-aminobutyric acid은 전달 물질의 하나로, GABA는 뇌에서 글루탐산탈탄산효소라는 효소의 작용에 의해 카복실기가 한 개 떨어져서 생성됩니다.

이 효소에는 비타민 B_6가 보조 효소로 필요합니다. 그런데 은행에는 이 보조 효소와 똑같은 화학 구조를 가진 알칼로이드(깅코톡신ginkgotoxin)가 들어 있어서, 결국 보조 효소 자리에 대신 들어가서 비타민 B_6의 작용을 방해합니다. 다시 말해서 이 효소의 활성이 방해를 받아서 GABA가 만들어지지 않는 겁니다. 깅코톡신의 정체는 4'-*O*-메틸피리독신4'-*O*-methylpyridoxine, MPN입니다(K.Wada *et al.*,1988).

뇌에서 GABA는 억제성 시냅스를 전달한다고 알려져 있습니다. 즉, 시냅스에서 GABA가 상대의 수용체와 결합하면 염소 이온의 유입을 촉진하여 세포 내부를 진정 상태로 유지합니다. 하지만 은행에 포함된 깅코톡신에 의해 글루탐산탈탄산효소의 작용이 억제되면 GABA의 양이 감소하여, 진정의 반대 작용인 흥분 작용으로 경련이 일어나는 겁니다. 대책법으로는 항경련약 디아제팜Diazepam의 투여 및 비타민 B_6의 보급(피리독실인산의 주사 등) 투여가 효과적입니다.

예부터 '은행은 자기 나이 수 이상은 먹으면 안 된다.'고 했습니다. 이처럼 전해 오는 이야기 중에는 과학적으로 근거가 있는 것도 있습니다. 참고로 은행나무는 겉씨식물이며 은행은 말 그대로 종자인 셈입니다.

차와 카페인류의 독성

차를 마시는 습관은 세계 어디에나 있습니다. 가장 많이 마시는 차는 홍차, 녹차, 커피, 코코아 등입니다. 일본에 차가 전해진 것은 가마쿠라鎌倉(1180년대~1333) 시대 초기였습니다.

홍차, 녹차, 우롱차의 원료 식물은 같은데, 커피나 코코아의 원료 식물은 전혀 다릅니다. 하지만 이들은 모두 흥미롭게도 카페인류의 알칼로이드인 카페인caffeine, 테오브로민theobromine, 테오필

카페인류의 화학 구조

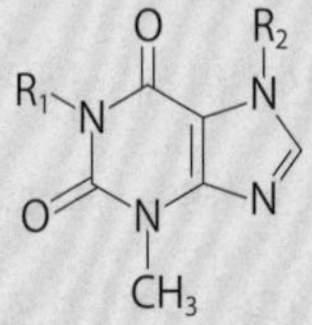

카페인	$R_1 = R_2 = CH_3$
테오브로민	$R_1 = H, R_2 = CH_3$
테오필린	$R_1 = CH_3, R_2 = H$

린theophylline을 포함하고 있습니다. 이들 알칼로이드 중에서 카페인의 독성은 동물에 따라 다르지만, 실험용 쥐의 경우에 LD_{50}이 경구 투여로 185mg/kg 정도이기 때문에 꽤 강하다고 할 수 있습니다.

카페인의 대량 섭취는 인간에게도 치명적일 수 있습니다. 비교적 손에 넣기 쉬운 탓인지 미국에서는 카페인이 자살에 사용되는 일도 있다고 합니다. 한편 녹차에는 카테킨 등의 폴리페놀이 들어 있어서 몸에 좋다고 알려져 있습니다.

인간에게 핫초코에 포함된 정도의 테오브로민이 문제가 되는 일은 거의 없지만, 개는 알칼로이드를 대사하는 속도가 느려서 가령 소형견에게 50그램 정도의 초콜릿을 먹이면 소화 불량이나 탈수 증상, 과도한 흥분 등의 중독 증상을 보일 수 있습니다. 최악의 경우에는 뇌전증과 같은 발작을 일으켜서 사망할 수도 있다고 합니다. 따라서 반려견이 아무리 귀엽더라도 절대로 초콜릿을 주어서는 안 됩니다.

한편, 차나 커피에는 카페인 외에 적은 양의 테오필린이 들어 있는데, 기관지 천식의 약으로 사용되기도 합니다. 하지만 효과를 낼 수 있는 혈중 농도의 범위는 좁습니다. 테오필린을 복용했을 때 메스꺼움, 구토, 두통, 두근거림, 경련 등의 부작용이 일어날 수 있으므로, 복용할 때에는 혈중 농도를 잘 살피는 등의 주의가 필요합니다. 테오필린 복용에 의한 경련은 다섯 살 이하의 유아에게 많이 보고되고 있습니다. 유아의 경련은 심각한 후유증으로 이어지며 때로는 사망에 이를 수도 있으므로 충분히 주의해야 합니다.

담배도 위험하다

유아가 입에 넣으면 위험한 것 중 하나가 담배입니다. 담배에 포함된 니코틴은 꽤 독성이 강한 화합물로 중추신경과 말초신경을 흥분시키고 결국 마비에 이르게 합니다. 니코틴은 사람에게 1~4mg/kg로 중독 증상 혹은 강한 경련을 일으키거나 최악의 경우에는 호흡 정지와 심장 마비를 일으켜서 사망에 이르게 합니다.

일반 담배 한 개비에는 니코틴이 약 16~24밀리그램 함유되어 있어서 유아는 담배 한 개비, 성인은 둘에서 네 개비 분량의 니코틴으로 사망할 수 있습니다. 한편 니코틴에는 살충 작용도 있어서

니코틴의 화학 구조

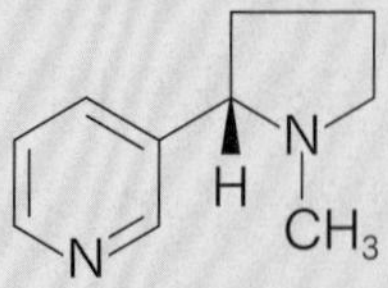

니코틴

진딧물 퇴치에 사용되기도 합니다.

처음에는 독성이 있어서 위험하다고 여겼지만, 약이나 식품으로 사용하게 된 예도 많습니다. 그에 반해서 담배는 처음에는 약이라고 생각했지만, 점점 독으로 인식하게 된 드문 예입니다. JT(일본 담배 산업 주식회사)에서 조사한 일본에서의 흡연자 비율은 1966년에 남성이 83.7퍼센트, 여성이 18.0퍼센트로 최고조에 달했습니다. 하지만 2018년 조사에서는 남성이 27.8퍼센트, 여성이 8.7퍼센트로 크게 줄었습니다.

일본에 담배가 전해진 때는 에도시대 중기의 데라시마 료안寺島良案이 정리한 백과사전 『화한삼재도회和漢三才図会』(1712년)에 보면 1573년~1592년으로 기재되어 있습니다. 아마 포르투갈 혹은 스페인의 무역선에 의해서 전해졌거나, 필리핀을 점령하고 있던 스페인이 담배를 재배하여 만능 묘약으로 일본에 무리하게 팔았을지도 모릅니다.

지금은 공공 기관과 대중교통 시설이 금연 구역으로 지정되어 있는데, 이미 에도시대 초기 1607년과 1608년, 두 차례에 걸쳐서 금연령이 내려졌으며 1609년에는 에도성 안에서 담배를 피우는 것을 금했습니다. 이처럼 여러 차례의 금연령이 내려졌다는 사실은 금연령이 효과적으로 작용하지 않았다는 것을 잘 보여주는 반증입니다. 이 시기에 시행된 금연령의 최대 이유는 화재 위험 때문이었다고 합니다(오쿠마키쿠오大熊規矩男, 『일본의 담배日本のタバコ』).

한편, 제약회사 화이자Pfizer Inc.가 일본에서 2008년 5월에 판매를 개시한 금연 보조약 '챔픽스Champix'는 당시 '의사 선생님과 함께 금연하자'라는 광고 문구를 내세우며 텔레비전 등에서 대대적으로 선전하였습니다. 하지만 이후 중대한 부작용이 있다는 사실이 알려졌고, 2008년 1월부터 3월에 걸쳐 미국 식품의약국이 발표한 중독 부작용 사례 1위를 차지했습니다.

신문 보도에서는 "후생노동성은 챔픽스 복용 후에 의식 장애를 일으킨 예가 약 3년 동안 여섯 건이 발생하였고 이 중 세 건은 자동차 운전 중에 발생했다고 발표했다. 챔픽스는 일본에서 연간 약 41만 4,000명이 복용하고 있으며, 여섯 건의 의식 장애가 40대~70대 남녀 여섯 명에게서 각각 발생했다. 운전 중에 일어난 세 건은 도로 옆 갓길을 부딪치는 사고로 이어졌다"고 전했습니다(『요미우리신문』, 2011년 8월 30일).

담배를 계속 피우는 것도 그만두는 것도 참 어려운 것 같습니다.

인간의 미각과 독

인간의 미각에는 '단맛·짠맛·쓴맛·신맛·감칠맛'의 5가지가 있으며 오미五味라고 합니다. '매운맛'은 미각이 아니라 통각으로 오미에는 들어가지 않습니다. 오미 중에서 '감칠맛'은 일본인이 발견한 맛으로, 영어로도 'Umami'로 표기합니다. '아지노모토'의 글루탐산나트륨의 맛은 감칠맛의 전형적인 예입니다.

맛은 우리가 가진 본능에 무언가를 전해주는 사인이 아닐까 생각합니다. 예를 들면 단맛은 글루코스로 대표되는 '에너지원'의 사인이고, 감칠맛은 아미노산으로 대표되는 '몸을 만드는 성분'의 사인이며, 짠 맛은 소금으로 대표되는 '미네랄'의 사인이라고 할 수 있습니다. 또 신맛은 '덜 익은 과일이나 부패'의 느낌을 주는 사인이겠지요.

그렇다면 남은 '쓴맛'은 무슨 사인일까요? 저는 알칼로이드에는 쓴맛이 많기도 하므로 쓴맛은 독성이 있다는 사인이라고 생각합니다. 그래서 사람은 원래 덜 익은 과일이나 부패한 느낌을 주는 신맛과 쓴맛을 본능적으로 피해오지 않았을까요? 참고로 아이들은 보통 신맛 나는 음식과 커피, 담배, 맥주 같은 쓴 것을 좋아하지 않습니다. 신맛이나 쓴맛의 기호는 나이가 들어 학습하는 것으로 태어날 때부터 익숙한 것은 아닌 것 같습니다.

약과 음식─좋지 않은 조합

자몽Grapefruit에 들어있는 푸라노쿠마린furanocoumarin의 성분이 어떤 종류의 약물 대사를 저해하여 약 작용을 강화하거나 혹은 지속시킨다는 사실이 알려졌습니다. 따라서 자몽을 먹고 약을 먹으면 약 작용에 영향이 미칠 수 있습니다.

낫토와 항응고제(혈액 응고를 막는 약)인 와파린warfarin도 궁합이 좋지 않습니다. 와파린은 혈액이 응고할 때 필요한 비타민 K 작용을 억제하여 혈액의 응고를 막아주는 약입니다. 한편 낫토에는 다량의 비타민 K가 들어 있어서 낫토를 먹으면 낫토균이 장안에서 비타민 K를 다량으로 만들어 냅니다. 따라서 와파린의 효과가 나타나지 못합니다. 같은 이유로 비타민 K를 많이 함유한 녹즙, 클로렐라, 그리고 비타민 K를 함유한 비타민제도 궁합이 좋지 않습니다.

와파린과 푸라노쿠마린의 화학 구조

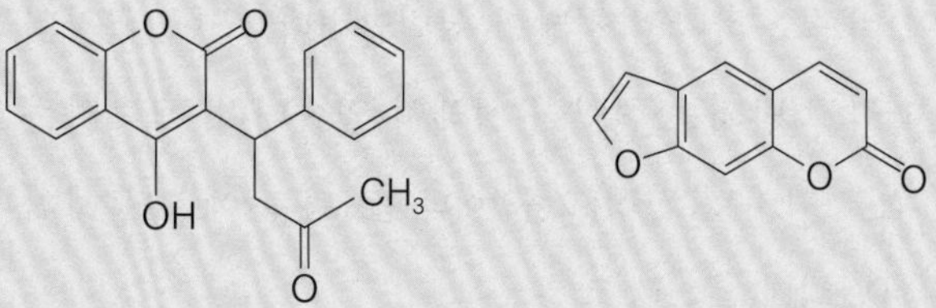

와파린 푸라노쿠마린

이런 종류의 약은 약사의 지도에 따라 복용하시기 바랍니다.

한약이 모두 안전하지는 않다

우선 한약과 민간약은 다르다는 것부터 분명하게 해두겠습니다. 한방의 '한韓'은 중국, '방方'은 치료법을 뜻합니다. 따라서 한방은 '중국에서 전해 내려온 의학'을 뜻하며, 원래는 중국에서 전해온 의학을 토대로 일본에서는 일본인의 체질과 풍토에 맞추어 독자적으로 발전시킨 의학입니다.

한방에는 중국의 의학서인 『상한론傷寒論』, 『금궤요략金匱要略』과 같은 원전이 있으며 한방 이론과 임상적 견해를 기초로 사용하는 약이 한약입니다. 한약의 원료로는 '생약'이라고 하여 식물의 줄기와 뿌리, 조개껍데기, 광물 등의 천연 재료를 사용합니다. 그리고 제조법과 사용량, 처방 등이 정해져 있습니다. 또 한약은 일반적으로 한 가지 생약이 아니라 여러 가지 생약을 일정 분량의 비율로 조합하여 비로소 하나의 처방이 성립합니다. 또한, 환자의 체질과 증상에 따라 처방되는 한약이 정해져 있습니다. 오해하는 분들이 많은데, 결코 환자의 질병(고혈압이나 당뇨병 등)에 대응하여 처방되는 것이 아닙니다.

한편 민간약은 세간에서 오래전부터 전해온 전승과 경험을 바탕으로 사용되어 온 것입니다. 삼백초(어성초)나 구기자, 이질풀 같은 생약을 사용하는 것은 한약과 비슷하지만, 한 가지만을 사용하는 경우가 대부분입니다.

한약은 정식으로는 한의사가 진단한 증상을 토대로 약을 먹어야 하지만, 민간약의 경우는 증상을 진단하는 과정이 없습니다. 가령 변비에는 ○○, 벌레에 물렸을 때는 ○○처럼 어떤 증상에 대해서 그 증상을 없애거나 완화하려는 목적이 확실합니다. 이 점이 민간약의 특징이라고 말할 수 있습니다.

그런데 자연의 약은 안전하다. 혹은 생약을 재료로 사용하는 한약과 민간약은 안전하다는 말을 자주 듣습니다. 정말 그럴까요?

예를 들어 팔미지황환八味地黄丸이라는 한약은 독초로 유명한 바꽃의 덩이뿌리(주로 부자)가 들어 있습니다. 물론 독을 줄이는 처리를 하고 그 양도 엄밀하게 줄이기는 합니다만……. 또, 그다지 위험한 생약이 들어있지 않다고 생각되던 소시호탕小柴胡湯을 복용하고 간장 장애, 간질성 폐렴을 일으켜서 사망한 사례도 있습니다.

한편, 민간약을 사용하여 건강을 해치는 일도 있습니다. 약모밀차(어성초)를 마시고 얼굴 피부가 거칠어졌다는 분도 있습니다. 그 분은 피부에 좋다고 들어서 약모밀차를 마시게 되었는데 피부가 점점 거칠어져서 양을 늘린 결과, 피부 상태가 더욱 악화하였다고 합니다. 약모밀차 잎에는 페오포르바이드 aPheophorbide a라는 성분이 들어 있어서 이 화합물이 체내에 있을 때 햇볕을 쬐면, 광화학

페오포르바이드 a의 화학 구조

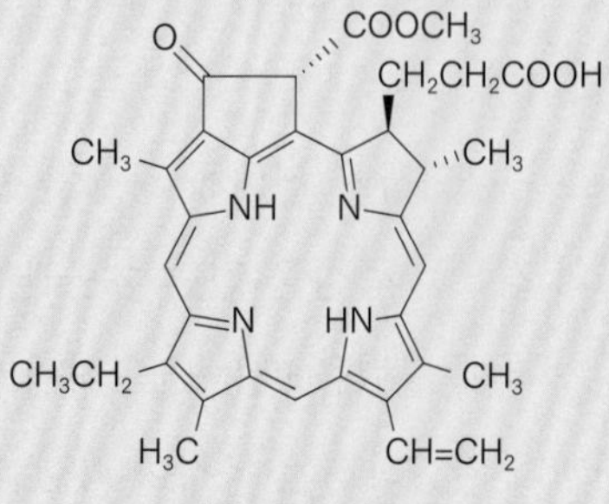

페오포르바이드 a

반응을 일으켜서 피부가 거칠어질 수 있습니다.

천연 소재인 생약을 사용하는 한약과 민간약도 위험할 수 있다는 사실을 기억해 주기 바랍니다.

제5장

독으로 인한 사고

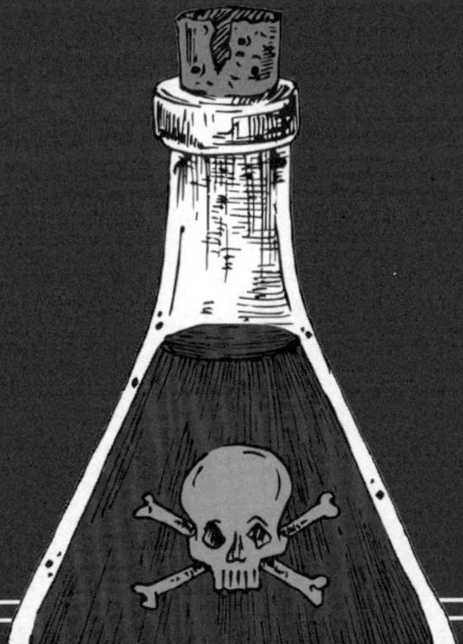

앞에서 이야기한 대로 우리 주변에는 독성 물질이 상당히 많습니다. 우리는 이러한 독과 거리를 잘 두면서 지내고 있습니다. 4장에서는 독이 음식물로 섭취될 가능성에 관해서 이야기했습니다. 이번 5장에서는 안전하다고 생각했던 식품에서 독성이 나타난 사례 및 잘 모르고 먹었거나 자연계에 숨어 있는 독으로 인한 사고에 관해서 이야기해 보려고 합니다.

겨자 연근 사건

1984년 6월, 구마모토현의 식품회사가 제조한 진공 포장된 겨자 연근에서 보툴리누스 중독이 발생했습니다. 의심환자까지 포함하면 환자가 36명, 사망자가 11명에 이르렀습니다. 이미 앞에서도 이야기했지만, 보툴리누스 독소는 현재 인류에게 알려진 독 중에서도 상당히 강한 편에 속합니다.

보툴리누스란 라틴어로 '소시지'를 뜻합니다. 19세기 유럽에서 소시지나 햄을 먹은 사람에게 식중독이 자주 발생했다고 해서 이름 붙여졌습니다. 보툴리누스균은 혐기성입니다. 즉 산소가 없는 곳에서 생육하는 성질을 가지고 있습니다. 소시지나 햄에는 발색제로 질산염이나 아질산염을 첨가하는데, 이는 발색 작용과 더불어 보툴리누스균의 번식을 억제하기 위한 목적으로도 사용됩니다.

이 사건을 조사한 구마모토현 위생 공해 연구소 등에 따르면 어떤 특수한 사정으로 제조에 사용된 겨잣가루에 보툴리누스균이 미량으로 오염되어서 발생했다고 합니다. 겨잣가루를 사용한 '진공 포장'은 균이 발육하기에 좋은 조건이었고, 그 결과 유통 과정에서 독성이 증가한 것입니다. 이 중독 사건 이후 겨자 연근 식품은 진공 포장을 하지 않고 소비 기한을 짧게 잡고 있다고 합니다.

벌과 아나필락시스 쇼크

장수말벌은 일본에서 가장 큰 벌입니다. 공격성이 매우 강하며 독액은 통증과 가려움증을 일으키는 세로토닌 및 히스타민, 적혈구를 파괴하는 펩타이드, 신경을 마비시키는 신경독 등으로 이루어져 있습니다. 무엇보다 독에 대한 과잉 알레르기 반응으로 인한 아나필락시스anaphylaxis 쇼크를 경계해야 합니다. 구토, 부종, 혈압 감소, 호흡 곤란, 의식 불명 등이 나타나면 생명이 위태로울 수 있으니 서둘러 병원에 가야 합니다.

벌에 쏘이면 체내에 면역글로불린 Eimmunoglobulin E, IgE라는 항체가 생깁니다. 그리고 이 항체를 갖게 된 사람이 같은 종의 벌에게 또 쏘이면 다음과 같이 IgE가 벌독(항원)과 결합하여 'IgE-벌독'이 됩니다.

IgE + 벌독 → IgE-벌독

그리고 이것이 비만 세포나 호염기구(백혈구의 하나. 세포질 중에서 염기성 색소에 잘 물드는 과립을 가지며, 0.5~1%를 차지한다-역주)와 결합하여 다량의 히스타민이 체내에 방출됩니다. 그 결과 혈압 저하, 두드러기, 쇼크, 메스꺼움, 구토 등을 일으키고 최악의 경우 아나필락시스 쇼크로 사망하는 일도 있습니다.

일본에서는 매년 약 20명이 벌에 쏘여서 사망합니다. 그중에서도 장수말벌은 몸이 커서 독의 양도 많으며 독성도 강합니다. 독낭·독침은 꼬리 부분에 있으며 산란관이 변화한 것입니다. 따라서 쏘는 것은 암컷뿐입니다.

최근에 도시 주변부에서 급증하는 벌은 황말벌입니다. 나뭇가지, 절벽, 처마 밑, 땅속 등 다양한 장소에 둥지를 틉니다. 황말벌의 둥지는 타원형으로 일본산 말벌류 중에서 최대이며 큰 것은 지름이 1미터에 달하는 것도 있습니다. 말벌류의 피해 사례는 황말벌이 가장 많으며 주의가 필요합니다.

한편, 미국에는 아프리카꿀벌의 분포가 넓어지고 있어서 두려움이 커지고 있습니다. 아프리카꿀벌*Apis mellifera scutellata*은 'Killer bee(살인 벌)'라고도 불리며 성질도 사나워서 집단으로 가축이나 사람을 습격하기도 합니다. 이 벌은 원래 아프리카 원산으로 브라질의 양봉에 이용하기 위해 1953년에 상파울루에서 들여와 풀어 놓았습니다. 이후 야생에 적응한 아프리카꿀벌은 1971년에는 아마존의 열대 우림을 넘어 중앙아메리카를 지나서, 1990년 10월에는 멕시코 국경도 넘었습니다. 2002년에는 텍사스와 애리조나 주까지 세력을 확장했습니다. 하지만 최근에는 서양 꿀벌과의 교잡이 이루어지면서 공격성이 약해지고 있다고 합니다.

독사

아마미오奄美大섬과 오키나와에는 일본 최대의 독사, 살무삿과에 속하는 반시뱀이 서식합니다. 현지에서는 반시뱀에게 물린 것을 '반시뱀에게 맞았다'고 표현합니다. 그만큼 공격이 순간적으로 이루어집니다. 보통 몸길이의 3분의 2 정도의 거리에 들어왔을 때 공격을 하는데, 만일 반시뱀의 길이가 1.5미터라면 1미터 정도의 거리를 재빠르게 날아와서 입을 엶과 동시에 독니를 드러냅니다. 반시뱀에게 물려서 생명을 잃은 사람은 많지 않지만 매년 꽤 많은 사람이 물리고 있습니다.

한편, 오키나와 열도를 제외한 일본 각지에는 살무사가 있습니다. 살무사 독의 주성분은 출혈 독입니다. 실험에 의하면 살무사 독이 반시뱀 독보다 강하다고 하지만, 평균 주입량이 적어서 치명률도 낮게 보고 있습니다. 하지만 만일 살무사에게 물렸다면 응급처치 후에 항독소 혈청 치료를 받아야 합니다.

반시뱀과 살무사는 근육 독도 가지고 있어서 물린 부위부터 괴사하기 시작합니다. 이런 점에서 코브라과에 속하는 코브라나 에라브바다뱀*Laticauda semifasciata*이 가지고 있는 신경독과는 성질이 다릅니다.

또한 일본에 서식하는 유혈목이는 이제까지 독을 가지고 있지 않다고 알려져 있었지만, 독니가 안쪽에 있어서 알지 못했을 뿐이며 사실은 출혈성의 강력한 독성분이 있다고 밝혀졌습니다. 물리면 사망에 이를 수도 있다고 합니다. 항독소 혈청이 효과적이라고 하므로 의료 기관에 서둘러 가야 합니다.

흰독말풀에 의한 중독

1972년 군마현 누마타沼田시에서 흰독말풀의 뿌리를 우엉으로 착각하고 요리해서 가족과 친척 모두 8명이 중독되는 사건이 발생했습니다.

흰독말풀 요리를 했던 주부는 혀가 잘 돌지 않아 말이 어눌해지고 혈압이 높아져서 걸을 수 없게 되었습니다. 신고를 받고 도착한 의사는 뇌출혈이라고 진단을 내렸습니다.

일단 주부를 병원에 입원시킨 후 집에 모여 있던 친척들이 주부가 요리한 '흰독말풀 조림'을 먹었는데 10~30분 정도 지나자 모두에게 중독 증상이 나타났습니다.

결국, 뇌출혈은 오진이었고 주부와 친척 모두 흰독말풀의 뿌리에 들어 있는 아트로핀계 알칼로이드에 의한 중독이라고 판명되었습니다.

다행히 중독자 대부분이 하룻밤이 지나고 점차

흰독말풀*Datura metel*. 가짓과. 하나오카 세이슈는 이 독초를 사용하여 전신 마취약을 만들었다고 한다. 가시가 있는 열매를 사용했을까?

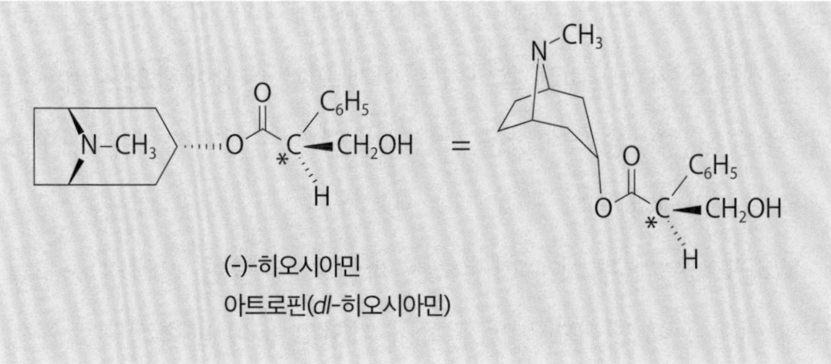

(-)-히오시아민
아트로핀(*dl*-히오시아민)

회복했지만, 중독자들은 중독된 사실을 기억하지 못했다고 합니다. 이는 아트로핀계 알칼로이드에 중독되면 기억 장애가 일어나는 특징 때문입니다(다도코로 사쿠타로田所作太郎, 『마약과 각성제麻薬と覚せい剤』).

1977년에는 이와테현의 고등학생 13명이 강변에서 찌개를 만들어 먹다가 중독된 사건이 있었습니다. 학생들은 찌개에 흰독말풀의 씨앗을 넣어 먹었는데, 그 결과 흥분, 섬망, 경련, 건망 등의 중독 증상을 일으켜서 입원했습니다. 다행히 학생들 모두 이틀 정도 후에는 퇴원할 수 있었습니다.

아트로핀계 알칼로이드가 들어 있는 식물로는 그 밖에 가짓과에 속하는 사리풀, 미치광이풀, 벨라도나, 맨드레이크 등이 있습니다. 일본에는 흰독말풀 중독 사건이 가장 많지만, 1984년에는 도쿄에서 미치광이풀의 싹을 머위의 꽃대로 잘못 알고 채취하여 먹은 결과 7명이 중독되는 사건이 발생했습니다. 아트로핀계 알칼로이드는 경련을 가라앉히는 효과가 있어서 의료 현장에서도 사용됩니다. 물론 허용된 용량 이상을 섭취하면 중추 신경계에 작용하여 중독을 일으킵니다.

벨라도나는 유럽에서 자생하는 식물로, 추출한 진액의 농도를 묽게 해서 눈에 떨어뜨리면, 동공이 커지고 눈이 매력적으로 보인다고 해서 미용 안약으로 여성들에게 인기가 있었습니다. 하지만 앞에서 이야기한 것처럼 이 약은 실명의 위험이 있으므로 절대로 사용해서는 안 됩니다.

또 유럽에서 자생하는 맨드레이크속 식물의 맨드레이크는 마녀 전설의 이선 시대인 잔 다르크의 재판에서 그녀의 활약과 관련하여 입에 오르내리거나, 이후 마녀 전설과 관련되어 항간에 회자되었습니다. 여기에 소개된 중독 환자들 모두 중독된 당시의 일을 하나도 기억하지 못합니다. 아트로핀계 알칼로이드 중독의 특징 중 하나라고 합니다. 중세의 마녀 전설도 이러한 특징 때문에 맨드레이크와 관련된 소문이 많지 않았을까요?

만년청, 은방울꽃, 복수초, 디기탈리스

관상용 식물로 잘 알려진 이 식물들은 모두 심장독이 들어 있습니다. 실제로 만년청의 뿌리를 달여서 복용한 노부부가 중독사한 사례도 있습니다.

만년청. 비짜루과. 뿌리줄기를 덖어서 차로 마시던 노부부가 사망한 사례가 있다.

심장독 중 하나인 콘발라톡신convallatoxin은 은방울꽃에도 들어 있으며, 은방울꽃을 많이 꽂아두었던 컵의 물을 마신 아이가 사망한 사례도 있습니다. 은방울

은방울꽃. 비짜루과. 다년초이며 '골짜기의 백합' 등으로도 불린다. 뿌리, 잎, 줄기, 꽃, 열매 등 모든 부분에 심장독이 있으며, 은방울꽃을 꽂았던 컵의 물을 마신 아이가 사망한 사례가 있다.

꽃의 잎은 식용하는 명이나물잎과 비슷하므로 잘못 알고 요리에 사용하지 않도록 주의가 필요합니다.

디기탈리스. 질경이과. 크고 예쁜 꽃을 피우지만, 심장독을 가지고 있다.

디기탈리스잎은 앞에서 이야기한 컴프리잎과 흡사합니다. 컴프리에는 유독한 피롤리지딘계 알칼로이드가 들어 있지만, 당장 생명을 위태롭게 하는 독은 아닙니다. 이에 반해서 디기톡신digitoxin 등의 심장독이 든 디기탈리스잎을 잘못 먹으면 곧바로 생명이 위태로울 수 있어서 주의가 필요합니다. 만져보면 확실하게 알 수 있는데 디기탈리스잎은 부드러운 느낌이 벨벳과 비슷합니다. 한편, 컴프리잎은 거칠거칠합니다. 어떻든 '군자는 위험한 곳에 가지 않는다'는 말이 있듯이 둘 다 입에 대지 않아야

복수초. 미나리아재빗과. 새해에 복과 장수를 기원하는 좋은 의미의 꽃이다. 심장독을 가지고 있다.

올리토리사이드와 디기톡신의 화학 구조

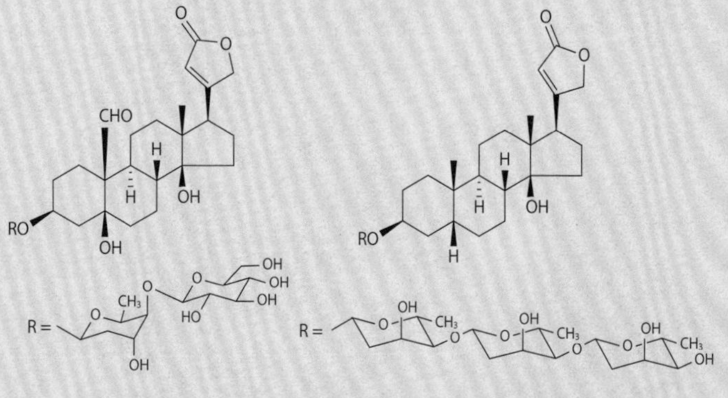

올리토리사이드　　　　디기톡신

합니다. 관상용으로 자주 재배되는 복수초에도 역시 심장독이 있으므로 주의하기 바랍니다.

관상용이 아닌 먹는 채소 중에서 이집트에서 들여온 몰로헤이야(장삭황마)가 있습니다. 잎과 줄기에는 문제가 없지만 몰로헤이야의 종자에는 다량의 올리토리사이드olitoriside라는 강심 성분이 들어 있습니다. 디기탈리스 독과 유사한 기본 골격을 갖는 심장독입니다. 1996년 10월에 나가사키현의 농가에서는 몰로헤이야 열매가 붙은 잎을 먹은 소가 사망하는 사건이 발생했습니다.

망고. 옻나뭇과. 우루시올Urushiol을 닮은 망골이라는 피부병을 일으키는 물질을 갖고 있다.

가려운 독

생명에 지장을 줄 정도는 아니지만 부어오르고 따갑고 가려움을 유발하는 불쾌한 독작용을 하는 식물도 있습니다. 옻나무, 덩굴옻나무, 은행나무의 열매인 은행 등이 대표적입니다. 산길을 걸을 때 덩굴옻나무에는 각별한 주의가 필요합니다. 특히 잘 알려지지는 않았지만, 망고나 캐슈cashew도 옻나무과의 식물로 가려움을 느끼는 사람도 있습니다. 사고라고 말할 정도는 아니지만, 사람에 따라서 꽤 오랫동안 불쾌감을 호소하기도 합니다.

수선화에 의한 중독

2008년 5월, 아오모리현에서 수선화의 잎을 부추로 잘못 알고 판매하여 중독 사건이 발생한 일이 있습니다. 문제의 수선화잎을 사 먹은 사람은 구토, 설사 등의 증상을 보였는데, 아오모리현에서는 이전에도 비슷한 사건이 수차례 보도된 적이 있습니다. 부추와 수선화의 잎을 착각하지 않도록 주의가 필요합니다.

언젠가 신문의 수필란에서 샹송 가수인 이시이 요시코石井好子(1922~2010)가 쓴 글을 읽은 적이 있는데, 수선화의 구근을 양파로

수선화. 수선화과. 많은 사람으로부터 사랑받는 꽃이지만 독성이 있다. 잎을 부추의 잎으로 잘못 보거나 뿌리를 양파로 잘못 알고 조리하는 일도 있다.

수선화과 알칼로이드의 예

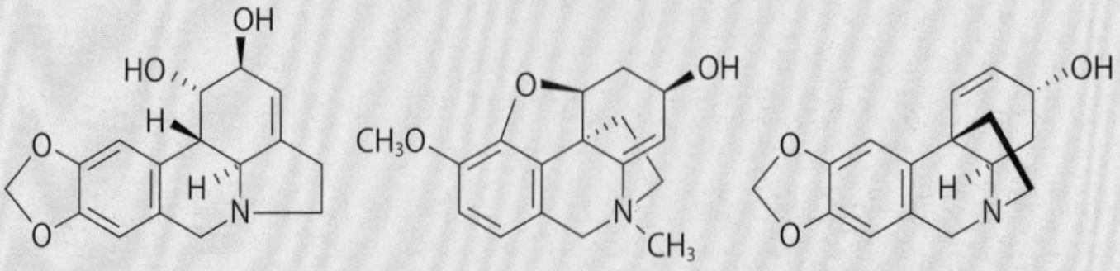

리코린 갈란타민 크리닌

착각하고 조리하여 가족들이 중독된 적이 있다는 내용이었습니다.

수선화는 백합과라고 생각할지 모르지만 실제로는 석산, 문주란, 아마릴리스, 제피란테스 등과 마찬가지로 수선화과 식물입니다. 백합과 식물과 수선화과 식물은 씨방의 위치로 명확하게 구분됩니다. 백합과 식물의 씨방은 꽃잎 속에 있는 데 반해서 수선화과의 식물은 꽃잎 아래 외부에 있습니다.

그래도 수선화가 독성이 있는 식물이라고 하면 의외라고 생각할지도 모릅니다. 하지만 수선화의 잎, 줄기, 꽃, 뿌리에는 석산처럼 리코린을 비롯하여 수선화과 알칼로이드가 들어 있습니다. 잎과 구근 등을 먹으면 중독되어 구토와 설사를 하게 됩니다.

하지만 수선화는 많은 이들에게 사랑받는 만큼 원종(어떤 품종에 대하여 본래의 성질을 가진 종자-역주)의 종류도 상당히 많습니다. 그래서 이들을 교배하는 원예종도 많으며 크기도 작은 것, 큰 것 등 다양합니다. 꽃도 피는 모양에 따라서 나팔꽃 모양이나 넓은 잔 모양

등이 있으며, 하나의 꽃줄기에 여러 개의 꽃이 피기도 합니다. 또 꽃잎 색도 달라서 다양하게 즐길 수 있습니다. 아직 눈이 채 녹지도 않았는데 싹을 틔우는 모습은 너무나 사랑스럽고, 봄이 오고 있음을 맨 먼저 느끼게 해주는 꽃이기도 합니다. 많은 사람들에게 사랑받는 이유도 그래서겠지요. 여담이지만 도쿄에 있는 호시약학대학의 강당에는 수선화 무늬 스테인드글라스가 있는데 참 아름답습니다. 수선화가 독성이 있는 식물이라고 해서 멀리하기는 어려운 것 같습니다.

그밖에 독성이 있는 알칼로이드 식물을 잘못 알고 먹는 것들은 다음과 같습니다. 산에서 나는 단풍갓으로 오인하는 바꽃과 역시 산에서 나는 개옥잠화로 오인하는 흰여로가 있습니다. 바꽃에 있는 독성의 주성분은 알칼로이드의 아코니틴이며, 흰여로의 유독 성분도 알칼로이드류입니다.

수국의 독 성분

2008년 6월 이바라기현 쓰쿠바筑波시와 오사카시의 한 음식점에서 계절 느낌을 주려고 요리에 수국을 장식하였는데, 그 잎을 먹은 손님이 구토 등의 중독 증상을 일으킨 일이 발생했습니다. 텔레비전 등 매스컴에서는 청산 화합물에 의한 중독이 아닐까 보도했지만, 원인이 밝혀지지 않은 채 흐지부지되고 말았습니다.

수국의 잎에는 같은 속의 상산자양화와 마찬가지로 페브리푸긴 febrifugine 및 이소페브리푸긴isofebrifugine이라는 알칼로이드가 들어 있습니다. 이들 화합물에는 항말라리아 원충 활성이 있다고 알려졌지만, 구토를 일으키는 부작용도 있습니다. 따라서 알칼로이드에 의한 중독 가능성을 생각할 수 있습니다. 만일 그렇다면 항말라리아 원충 활성의 주성분인 알칼로이드 화합물이 인간에게 유독하다는 사실을 재인식시켜준 것입니다. 또한, 상산자양화는 생약 '상산'의 기원 식물(생약으로 쓰이고 있는 식물과 같은 성분과 약효를 갖는 원

수국. 음식점에서 장식용 수국잎을 먹은 손님이 어지럼증이나 구토 등의 중독 증상을 보였다.

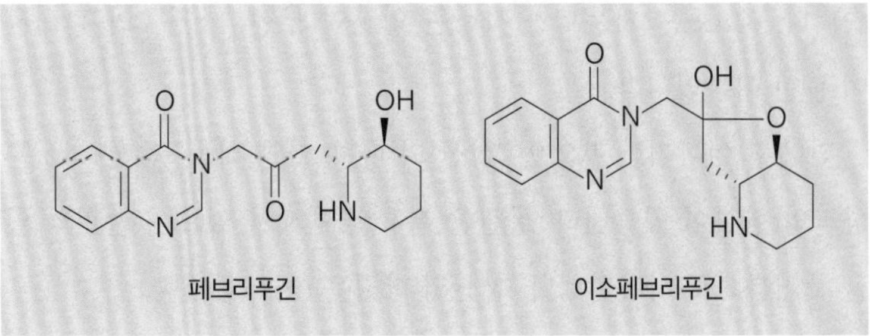

래 식물-역주)이기도 합니다.

수국은 일본이 원산이며 예로부터 재배해 온 친숙한 꽃입니다. 최근에는 해외에서 개량되어 학명을 따서 하이드레인저Hydrangea 혹은 서양 수국으로 역수입되고 있습니다. 색도 모양도 소담스러워서 보는 눈을 즐겁게 해줍니다. 그래서 많은 사람이 좋아하고 널리 재배하는 것 같습니다. 수국이 피는 시기는 기분까지 축 쳐질 장마철이어서 비가 오면 더욱 환하게 피어 있는 모습이 상쾌합니다.

상산나무. 운향과. 잎이 달리는 순서가 특징적이어서 이러한 배열을 '상산형 잎차례'라고 한다. 잎이 두 장씩 좌우 번갈아 돋아난다.

수국에 붙여진 학명 중에는 지볼트가 붙인 *Hydrangea otaksa*가 있습니다. otaksa는 지볼트가 사랑한 일본인 부인 '다키滝'와 관련하여 붙인 이름입니다.

앞에서 이야기한 생약인 '상산'의 다른 기원 식물 중 하나로 운향과의 상산이 있습니다. 상산은 특유의 냄새가 있으며 줄기와 잎을 풋거름으로 사용합니다. 상산의 학명은 *Orixa*입니다.

상산나무의 이파리를 보면 오른쪽에 두 장, 다음에 왼쪽에 두 장, 또 오른쪽에 두 장……. 이런 식으로 잎이 나는 방식이 특별해서, 이러한 경우를 '상산형 잎차례'라고 부릅니다. 에도시대에 그려진 상산 그림(기요하라 쥬신, 『초목성보·유독초목도설草木性譜·有毒草木図説』)에는 잎차례가 다릅니다. 어쩌면 그림을 그리는 사람이 상산나무 잎의 배열 방식이 특이해서 그대로 그리기가 불안했을지도 모릅니다.

나팔꽃, 계요등—기타 식물의 독

나팔꽃의 씨앗을 한방에서는 '견우자'라고 부릅니다. 나팔꽃은 열대 아시아가 원산지이며, 일본에는 나라 시대 말에서 헤이안 시대 초기에 당에 파견된 사신에 의해서 의약(설사약)으로 들어왔습니다. 따라서 그 이전에 편찬된 시가집 『만요슈万葉集』에 나오는 나팔꽃은 지금의 나팔꽃이 아니라 아마 도라지일 것으로 추정하고 있습니다. 나팔꽃이 관상용으로 재배되기 시작한 것은 그리 오래되지 않았습니다. 에도 시대 때 일본에서 품종 개량이 이루어진 이후라고 생각됩니다. 우키요에浮世絵(일본 무로마치 시대부터 에도시대까지 발달한 목판화-역주)나 도감에서 화분에 심은 나팔꽃을 볼 수 있어서 에도의 원예 열기가 높았을 것이라 짐작합니다. 나팔꽃의 씨앗은 설사가 나게 하는 약으로 효능이 있으나 강한 복통을 유발하기 때문에 사용하지 않게 되었습니다. 오히려 현재는 유독 식물이라고 하는 편이 맞을 것 같습니다.

계요등. 꼭두서닛과. 잎과 줄기에 악취가 있지만 예쁜 꽃을 피운다. 아래 사진은 계요등 열매다. 속담에 '계요등 꽃도 한창때이다'는 말이 있는데, 사랑받지 못하는 이 식물도 아름다운 꽃을 피우는 시기가 있다는 의미이다.

한편, 양미역취는 다른 식물에 독성을 나타내는 물질을 분비합니다. 또 독은 아닐지 모르지만, 개다래(마따따비)에 대해서 고양이과의 동물은 매우 특이한 반응을 보입니다. 한마디로 고양이과에 속하는 동물이라면 반려묘는 물론이고 호랑이와 사자도 몽롱한 상태로 취해서 개다래춤이라 부르는 기묘한 행동을 합니다.

그밖에도 철쭉과에 속하며 재채기를 일으키는 레우코토이 그라야나*Leucothoe grayana*가 있습니다. 또 잎을 비비거나 열매를 으깨면 불쾌한 냄새가 나는 식물도 있습니다. 계요등의 꽃은 잘 보면 참 예쁩니다. 꽃이 얼마나 예쁜지 '미녀 꽃'이라는 별명이 잘 어울립니다.

산기슭의 가스 구멍

1997년 7월 12일, 아오모리현의 핫코다八甲田산 기슭에서 육상 자위대의 특수 훈련 도중 이산화 탄소 중독으로 인한 사망 사고가 발생하였습니다. 자위대원들은 구덩이로 뛰어내린 후 차례로 쓰러졌는데 그중 3명이 사망하였습니다. 조사 결과 구덩이의 이산화 탄소 농도는 15~20퍼센트에 달했으며, 자세한 분석 결과 화산성 가스에 의한 사고라고 판명되었습니다. 지역민들은 이 구덩이를 가스 구덩이라고 부르고 있었는데, 토끼나 까마귀 등이 죽어 있는 것을 목격하고 가축이 가까이 가지 못하게 주의하고 있었습니다. 이산화 탄소는 공기보다 무거우므로 바람이 없는 상태에서 발생한 이산화 탄소가 고농도로 쌓여 있었을 가능성이 큽니다. 다음 사진은 핫코다산 기슭 부근에서 발견한 가스 구덩이 장소에 × 표시하

핫코다산 기슭 가스 구덩이(위험 장소)를 나타낸 간판

여 주의를 환기시킨 간판입니다.

이산화 탄소가 어떻게 독이 되냐고 의아해하는 분도 계실지 모릅니다. 이산화 탄소는 지구의 대기 성분 중 하나로 어디에나 있는 기체이며 인간을 포함한 동물의 호흡 속에도 들어 있습니다. 또 탄산음료에도 들어 있으며, 드라이아이스는 이산화 탄소 그 자체입니다. 이산화 탄소는 대기 중에 기체로 존재하는 질소(78퍼센트), 산소(21퍼센트), 아르곤(1퍼센트) 다음으로 많습니다.

하지만 보통 대기 중의 이산화 탄소 농도는 0.036퍼센트에 지나지 않습니다. 물론 이 정도 농도는 문제가 되지 않지만, 농도가 올라가면 중독을 일으킬 위험이 큽니다. 다시 한 번 말하지만 어떤 화합물이 독이 될지 아닐지는 그 양과 사용법이 문제입니다.

만일, 공기 중의 이산화 탄소 농도가 10퍼센트 이상이면 인간은 의식 불명이 되고, 25퍼센트 이상이면 대뇌 피질이 마비 상태에 이르러 몇 시간 안에 사망하고, 30퍼센트 이상이 되면 즉사한다고 알려져 있습니다. 이산화 탄소는 색도 냄새도 없어서 매우 위험한 가스라고 할 수 있습니다. 가령 400그램의 드라이아이스가 기화하면 약 200리터의 이산화 탄소가 됩니다. 이 드라이아이스를 부피 2,000리터의 차 안에 두고 차의 창문을 모두 닫으면, 얼마 안가 차 안의 이산화 탄소 농도는 약 10퍼센트에 이르게 되어 중독 가능성이 커집니다.

한편, 현재 이산화 탄소의 고농도화에 의한 지구 온난화 역시 큰 문제가 되고 있습니다. 이산화 탄소는 지구 온난화에 가장 큰 영향을 미치는 온실 효과 가스이기도 합니다. 말하자면 이산화 탄소는 지구 혹은 지구 환경에 대한 독이라고 해도 과언이 아닙니다. 인간의 활동이 증가하면서 화석 연료의 소비와 삼림 파괴 등으로 지구상의 이산화 탄소 농도도 급상승하고 있습니다.

하지만 원래 이산화 탄소는 식물의 탄소 동화 작용(광합성에 의해서 대기 중의 이산화 탄소에서 다양한 유기 화합물을 합성하는 과정)에 의해서 다양한 유기 화합물의 원료가 될 수 있으므로 지상에 고정할 수 있는 기체이기도 합니다.

가령 지름 1미터의 삼나무는 추측하건대 수십 톤에 달하는 이산화 탄소를 고정할 수 있습니다. 그 나무를 목조 건축에 사용하면 더 오랫동안 이산화 탄소를 고정할 수 있게 됩니다. 즉 수령 1,000년의 나무를 사용한 목조 건축물이 1,000년을 간다면, 총 2,000년 동안 상당량의 이산화 탄소를 고정할 수 있다는 이야기가 됩니다.

일산화 탄소 중독은 왜 일어날까?

난방을 위해서 숯이나 연탄, 조개탄 등을 주로 사용하던 시절에는 일산화 탄소 중독이 자주 발생했습니다. 그래도 지금처럼 집의 기밀성이 높지 않아서 부엌에서 장작으로 불을 때서 요리를 만들거나 화로, 조개탄, 석탄 난로 등을 사용하여 생활하였습니다. 만일 지금처럼 기밀성이 높은 집에서 과거에 사용하던 조리 기구와 난방 기구를 사용한다면 더욱더 일산화 탄소 중독에 주의해야 할 겁니다. 일산화 탄소는 불완전 연소 때 발생하거나 담배 연기, 자동차 등의 배기가스에도 비교적 많이 들어 있습니다.

일산화 탄소가 적혈구의 헤모글로빈과 강하게 결합하여 '일산화 탄소-헤모글로빈' 결합을 형성해버리면 산소를 각 조직의 세포에 공급할 수 없게 되므로 일산화 탄소 중독이 일어납니다.

일산화 탄소가 헤모글로빈과 결합하는 힘은 산소에 비해 250배나 강하다고 알려져 있습니다. 따라서 아주 적은 양의 일산화 탄소만 있어도 혈액 중 헤모글로빈의 결합률은 상당히 커집니다. 일산화 탄소는 실내 공기 함유율이 0.001퍼센트 정도만 되어도 중독을 일으킬 수 있습니다. 함유율 0.1퍼센트가 되면 한 시간 안에 실신하며 네 시간 안에 사망에 이른다고 합니다.

일산화 탄소에 의한 중독 증상은 우리 몸에 전혀 산소를 공급하지 못하는 상태를 말합니다. 대부분은 맨 먼저 두통과 어지러움, 구토 증상이 일어납니다. 그 상태가 계속되면 손발 운동이 불가능해지며 의식이 조금 남아 있어도 그대로 죽음에 이르게 됩니다. 농도가 더 높은 경우에는 심장 근육에 산소가 공급되지 않아서 결국 심장 마비와 같은 상태로 사망합니다.

일산화 탄소 중독으로 사망한 경우, 안면이 빨갛고 온몸에 반점 같은 발적(피부나 점막에 염증이 생겼을 때 그 부분이 빨갛게 부어오르는 현상-역주)이 특징입니다. 만일 목숨을 건지더라도 후유증이 남을 수 있습니다.

일산화 탄소 중독을 치료할 때는 가능한 한 빨리 신선한 공기를 쐬게 하고 인공호흡이나 산소 흡입 후 절대 안정을 취해야 합니다. 산소 흡입에는 산소 95퍼센트, 이산화 탄소 5퍼센트를 혼합하여 사용합니다. 이산화 탄소를 혼합함으로써 호흡 중추가 자극을 받게 합니다.

2000년 무렵부터 선팅이 진한 차 안에서 연탄을 피워서 집단

자살을 시도하는 일이 사회 문제가 되었습니다. 2008년 5월에는 전직 TBS 여성 아나운서가 차 안에서 연탄을 피우고 자살, 2011년 6월에는 고속도로의 휴게소 주차장에서 약 1개월 전에 연탄가스로 자살을 꾀한 남녀의 시신이 발견되었습니다. 이후 연탄을 살 때는 판매점에서 '사용 목적과 장소'를 확인하게 되었습니다.

모리나가 비소 분유 사건

1955년 6월에는 모리나가 비소 분유 사건이 발생했습니다. 비소와 관련한 중과실 사고였습니다. 모리나가 도쿠시마德島 공장에서 제조된 '모리나가 MF 분유' 약 84만 캔에 비소 화합물이 혼입된 것입니다.

분유의 제조 공정에서 유질 안정제로 제2인산나트륨을 사용해왔는데, 본래 사용해야 할 식품 첨가용 대신 공업용을 사용하는 중대한 과실을 범했습니다. 공업용 제2인산나트륨에 비소 화합물이 혼입되어 있었던 것입니다.

이 때문에 오카야마현을 중심으로 서일본 일대에서 발열과 설사, 복부 팽창, 빈혈, 피부 발진 등의 증상을 보이는 유아가 많이 생겨났습니다. 진찰했던 의사들은 이상 증세를 보이는 병의 원인을 알지 못한 채, 위장 장애, 열사병, 빈혈 등의 애매한 진단만을 내렸습니다. 같은 해 8월이 되어야 겨우 원인이 밝혀졌지만, 희생자는 이미 전국으로 퍼진 상태였습니다. 환자 수는 총 1만 2,000여 명, 130명이 사망하는 대참사가 일어난 것입니다. 다행히 목숨을 건진 아기들도 크면서 비소로 인한 후유증으로 고통스러운 인생을 살아야 했습니다.

한편, 비소 화합물과 관련해서는 나중에 다시 이야기하겠지만, 1998년에 '와카야마 독극물 카레 사건'으로 불리는 범죄가 발생했습니다. 여기서 말하는 비소 화합물이란 아비산(삼산화 이비소)을 말합니다.

그밖에 비소 화합물로는 쇼소인正倉院에 봉납된 약물 중에서 『여러 가지 약 장부種々薬帳』에는 기록되지 않은 웅황이 있습니다. 이것은 비소의 황화물입니다.

웅황에 대한 『도설 쇼소인 약물図説 正倉院薬物』(궁내청 쇼소인 사무소편, 2000, 164쪽)의 설명은 이렇습니다. "살충·살균·해독약으로 사용되었다고 하는데, 웅황은 독성이 매우 강하다. 중국에서는 황화비소 광물이 불로불사의 약으로 여겨져 황제가 자주 복용했다고 전하지만, 오히려 그 약으로 인해서 일찍 세상을 떠났다고 볼 수 있는 예도 많다." 일본에서는 삼황화 이비소, 황화 제이비소, 사황화 사비소가 독물로 지정되어 있습니다.

석면과 중피종

석면에 대해서는 지금까지 네 차례에 걸친 큰 사회 문제가 있었습니다. 첫 번째로 1972년에 석면에 발암성이 있다는 세계보건기구WHO의 지적이 있고 나서입니다. 두 번째로는 1986년에 국제노동기구ILO가 '석면 조약'을 채택하고 나서입니다. 이때는 초등·중학교의 벽이나 천장에 사용되던 석면이 사회 문제가 되었습니다.

그 후 석면의 피해가 표면화된 것은 1995년의 한신·아와지阪神·淡路 대지진 재해 때의 일입니다. 지진으로 파괴된 건물을 해체하고 철거하는 작업에 종사하던 작업원과 주민이 비산하는 석면가루를 흡인하는 문제가 발생한 것입니다.

2005년에는 대기업 기계 제조 종업원과 공장 주변 주민들까지 석면 피해를 입고 있다고 보도되었습니다. 보도를 통해서 과거 10여 년에 걸쳐서 중피종(흉막에 발생하는 암)을 비롯하여 석면과 관련된 병으로 수십 명이 사망한 사실이 알려졌습니다.

석면 1개의 두께는 머리카락의 약 5,000분의 1로 극도로 가늡니다. 가벼울 뿐만 아니라 내구성, 내열성, 내약품성, 방음성까지 뛰어나고 전기 절연성도 있어서, 1970년대 이후 시멘트와의 복합재로 빌딩의 단열과 보열을 목적으로 다량 사용되었습니다. 하지만 석면을 오랫동안 분진으로 흡인하면, 폐가 섬유화하여 기능이 저하되는 진폐증의 일종인 석면폐증을 일으킨다는 사실이 밝혀졌습니다. 현재 중피종을 일으키는 원인이라는 사실도 알려지면서 사회적으로 문제가 커지고 있습니다. 예전에 과학 수업 때 자주 사용하던 실험용 석면 철망도 세라믹 소재로 바뀌었습니다.

석면 문제는 단순히 석면과 관련된 일에 종사하는 사람들의 직업병에 한정되지 않고, 공해가 되고 있다는 사실을 분명히 말해주고 있습니다. 그뿐만 아니라 증상이 나타날 때까지 30~40년이나 걸리므로 중피종은 '소리 없는 시한폭탄'이라고도 부릅니다. 석면이 암을 일으키는 과정은 석면의 물리적 작용에 의한 것으로 '천천히 나타나는 독'에 해당한다고 할 수 있습니다. 무엇보다 두려운 것은 이러한 시한폭탄을 끌어안고 사는 대부분의 일반 시민들이 언제 어디서 석면 가루를 흡인했는지 전혀 알 수 없다는 사실입니다.

표백제와 염소 가스

표백제의 용기를 보면 '절대 섞지 마세요'라는 주의 사항이 적혀 있습니다. 표백이나 곰팡이 제거에 사용하는 차아염소산 나트륨(NaClO)이 들어 있는 세정제에 욕실의 물때나 화장실 청소에 사용하는 염산이 든 세제를 섞으면, 다음과 같은 반응으로 염소(Cl_2) 가스가 발생하기 때문입니다.

$$NaClO + 2HCl \rightarrow NaCl + H_2O + Cl_2 \uparrow$$

차아염소산 나트륨과 반응하여 염소가 발생하는 것은 염산뿐만이 아닙니다. 식초 등의 산을 섞어도 발생합니다. 심지어 장아찌를 담그는 큰 통을 차아염소산 나트륨이 들어 있는 세제로 닦다가, 통에 남아 있던 장아찌의 젖산 등에 의해서 염소가 발생해 중독되었다는 사례도 있습니다.

염소 가스는 제1차 세계대전 초기에 화학 병기로도 사용된 화합물입니다. 이런 가스가 밀폐된 욕실이나 화장실 등에서 발생한다면 얼마나 위험할지 쉽게 상상할 수 있을 겁니다.

황화 수소에 의한 자살과 사고

2008년 봄, 황화 수소를 발생시켜서 자살하는 사건이 많았습니다. 황화 수소는 가정에 있는 재료로 간단하게 발생하는 가스이기 때문에, 비슷한 일이 많이 발생했다고 생각됩니다. 주변 사람들까지 억울하게 피해를 보는 일도 있으므로 일단 사고로 다루어 보겠습니다.

우선 욕실에서 황화 수소를 발생시킨 사례입니다. 황 성분이 함유된 입욕제에 염산이 들어있는 욕실 세제를 섞어서 황화 수소(H_2S)가 발생했습니다. 욕실 안에서 중독사한 사체의 피부가 녹색으로 변했다고 보도되었습니다(『마이니치 신문』, 2008년 4월 24일).

황화 수소는 온천 지역에서 나는 특유의 달걀 썩는 냄새의 원인입니다. 농도가 낮을 때는 괜찮지만 일정 농도 이상이 되면 독성을 발휘하여, 온천지나 화산 구덩이에서 중독으로 사망하는 사고가 거의 매년 발생합니다.

2010년 6월, 소말리아 앞바다에 자주 출몰하는 해적에 대응하기 위해서 출동한 일본 해상 자위대의 호위함 '유기리'의 화장실에서 하사급 대원 한 명이 사망하였습니다. 사인은 배실물 처리 딩크에서 발생한 황화 수소 등에 의한 중독사로 판명되었습니다.

2005년 겨울에는 아키타현의 온천지 도로유泥湯 온천 여관에서 30미터 정도 떨어진 주차장 옆에 있던 높이 1미터 정도의 눈더미 속의 굴에서 세 모자가 중독사한 사건이 발생했습니다.

당시 초등학생 형제는 주차장에서 원반던지기를 하며 놀고 있었다고 합니다. 방에서 기다리던 아버지는 여관 종업원들과 흩어져서 가족들을 찾아다녔습니다. 종업원들이 그들을 발견했을 때 세 모자는 동굴 안에 있었고 아버지는 입구에서 가족을 구하려고 동굴 안으로 손을 뻗은 상태로 쓰러져 있었습니다. 눈더미 아래쪽으로 온천수가 흘러서 안에 텅 빈 굴이 생겼다고 합니다. 발견 당시 세 모자는 이미 사망하였고 의식 불명의 중태에 빠졌던 아버지도 병원에서 사망했습니다. 눈더미 동굴 안에 황화 수소가 가득차 있었던 것입니다.

제6장

독과 관련한 범죄

일본의 오래된 법률 '양로율령養老律令'(757년 시행)에 보면 '네 가지 독' 에 관한 기술이 보입니다. '네 가지 독'이란 야갈, 오두, 부자, 짐독을 말하며, 이것들을 팔고 사거나 가지고 있거나 사용했을 때의 처벌과 내용이 적혀 있습니다. 하지만 후지와라노 나카마로藤原仲麻呂(706~764)에 의해서 시행된 '양로율령'은 대륙에서 전해온 법률을 그대로 옮겨 적은 것이어서 부자와 오두 이외의 독에 관해서 얼마만큼 알고 있었는지는 의문이 듭니다.

부자와 오두는 바꽃의 덩이줄기입니다. 또 짐독은 원래 짐이라는 독이 있는 새라고 알고 있지만, 아비산이 묻은 새의 깃털이라는 주장도 있습니다. 야갈은 앞에서 이야기했듯이 1996년에 실체가 밝혀졌습니다(88쪽).

오늘날에도 독을 이용하여 사람을 해치면 법으로 처벌을 받습니다. 독을 이용하여 범죄를 저지르려면 〈독을 손에 넣는다 → 사용한다 → 작용시킨다〉 라는 단계가 필요합니다. 그래서 손에 넣기 쉬우며 사용하기 쉽고 맹독성이 있는 것을 찾게 됩니다. 그리고 아무리 독작용이 강해도 사용자(범죄자) 자신의 생명을 위협하는 독은 사용하지 않습니다. 잘 알려지지 않은 희귀한 독도 사용하기 어렵습니다. 어떻게 사용해야 할지 알기도 어렵고, 구하기도 어려우며 꼬리가 잡히기 쉽기 때문입니다.

따라서 범죄에 사용하는 독은 손에 넣기 쉽고 다루기 쉬우며, 효과가 확실한 독으로 한정됩니다. 한마디로 말하면 범죄에 사용되는 독은 그리 많지 않습니다.

그중에서 아비산과 청산 칼륨 등은 구하기 쉬운 부류에 속합니다. 하지만 아비산은 오래전부터 검출 방법 등이 확립되어 있어서 탄로가 나기 쉽습니다. 그래서 '어리석은 자의 독'이라고도 부릅니다. 또 바꽃 모종을 대량으로 사거나 살아 있는 복어를 대량으로 구하려고 하면 우선 의심을 받습니다. 한편으로 근육 이완제나 스트리크닌 등의 약물을 일반인이 구하기는 매우 어렵습니다.

독을 범죄에 사용하려는 사람은 늘 그 독의 피해를 인식하고 사용합니다. 독으로 살해하는 것을 독살이라고 하는데, 일본에서는 약살藥殺이라는 말도 사용합니다. 독과 약은 동전의 양면처럼 매우 밀접한 관계에 있다는 것을 의미합니다.

독을 이용한 범죄는 예로부터 여성과 관련된 경우가 많다고 합니다. 남성과 비교했을 때 힘이 약했던 탓일까요? 범죄의 경위를 살펴보면 여성이 단독범인 경우도 있지만, 여성이 공범인 경우도 적지 않습니다. 이러한 사실도 염두에 두면서 6장에서는 독과 관련한 범죄 이야기를 하려고 합니다.

범죄에 사용된 독은 앞에서 살펴본 독으로 인한 사고와는 조금 다른 양상을 보입니다. 자연에서 채취했더라도 사용하기 쉽고 효과를 확실하게 하려고 대부분 독 성분을 정제하여 사용하였다고 합니다.

바꽃 보험금 살인 사건

1986년 5월 19일, 오키나와의 나하那覇공항에 신혼부부 한 쌍이 내렸습니다. 신랑은 오사카에 있는 회사에 다니는 가미야 치카라. 46세로 전처와 사별하여 재혼이었고, 신부는 33세로 초혼이었습니다. 누가 봐도 행복한 신혼부부처럼 보였습니다.

다음날인 20일에 두 사람은 나하공항에 다시 모습을 나타냈습니다. 신부의 여자 친구 세 명이 오키나와에 오기로 되어 있었다고 합니다(신랑이 친구들의 여행 경비를 지불했습니다). 오전 11시 55분, 친구들이 탄 이시가키섬행 비행기가 나하에 도착했고 신부는 그 비행기에 탑승했는데, 신랑은 '갑자기 오사카에 급한 일이 생겼다'고

하며 나하공항에 남았습니다. 신부와 친구들이 탄 비행기가 이시가키섬으로 출발하였고 신랑은 이들을 배웅한 후 공항에서 오사카행 비행기를 기다렸습니다.

신부와 친구들은 이시가키공항에서 바로 호텔로 향했고, 오후 1시 반경 체크인을 마치고 방으로 들어가는 도중에 신부에게 이변이 생겼습니다. 땀을 심하게 흘리고 손발 저림, 복통을 호소하며 구토를 계속했습니다. 놀란 친구들은 신부를 부축하여 방 침대에 눕히고 구급차를 불렀습니다. 병원으로 이송된 지 얼마 안 있어 심폐 정지가 와서 소생술을 행하였지만, 오후 3시 4분에 사망하고 말았습니다.

병원 의사들은 아무리 심장에 문제가 있었다고 하더라도 심폐 소생 때 아무런 반응이 없었던 점을 의심하여 경찰에 신고하였습니다. 한편 여자 친구들의 연락을 받고 나하공항에서 비행기를 타고 병원으로 달려온 신랑은 부검에 난색을 보였지만, 경찰의 강한 요구에 마지못해 동의했습니다. 부검은 류큐대학 의학부 법의학과의 오노 요키치大野曜吉 조교수(당시)가 담당했습니다. 부검 결과 외견상으로는 이상이 없었습니다. 머리와 내장 기관에서 육안으로는 이상을 발견할 수 없었기 때문에 사인을 '심근 경색으로 인한 부정맥 사망'으로 소견을 내리고 남편에게 설명하였습니다. 하지만 조교수는 혹시나 해서 시신의 혈액을 법의학 연구실의 냉동고에 보관하였습니다. 이것이 이후에 큰 의미를 갖습니다.

여행에 동행한 신부의 여자 친구들은 신부의 갑작스러운 죽음이 '심근 경색' 때문이라는 소견에 납득할 수 없었습니다. 왜냐하면, 죽은 친구의 결혼 과정에서 의심되는 점이 있었기 때문입니다. 죽은 신부와 여자 친구들은 도쿄의 고급 클럽에서 호스티스로 함께 일했습니다. 가미야가 처음 클럽에 온 것은 전처가 세상을 떠난 지 2개월 만인 11월이었습니다. 만난 지 6일 만에 가미야는 신부에게 프러포즈했습니다. 친구들과 주위 많은 사람이 결혼에 반대했지만, 결국 두 사람은 2월에 결혼하고 오사카로 이사했습니다. 그리고 이시가키섬으로 초대를 받아 왔더니 신부인 친구가 급사한 것입니다.

경찰에게 '병사가 아닌 살인'이라고 주장해도 소용이 없어서, 친구들은 할 수 없이 보험 회사에 일일이 전화를 걸어서 문의했습니다. 그 결과, 보험 회사 네 곳에서 총 1억 8,500만 엔의 생명 보험이 죽은 신부 이름으로 가입되어 있다는 사실을 확인했습니다. 보험금 수취인은 남편인 가미야로 매달 18만 엔씩 내고 있었습니다. 그뿐만 아니라 가미야에게도 같은 보험이 가입되어 있었으며 수취인은 죽은 신부였습니다. 이렇게 매달 36만 엔의 보험료를 내고 있었던 겁니다.

가미야는 지금까지 두 번의 결혼을 하고 이번이 세 번째 결혼이었는데, 전처 두 사람 모두 급사하였습니다. 첫 번째 부인과 두 번째 부인의 사인 역시 심근 경색으로 같았습니다. 두 번째 부인이 사망했을 때는 1,000만 엔의 보험금을 받았습니다. 이러한 사실이 밝혀지자 보험회사에서도 보험금 지급을 재검토하게 되었습니다.

가미야는 6개월이 지나도 죽은 부인의 보험금을 받을 수 없어지자 민사 소송을 제기하였는데, 1990년 2월 도쿄 재판에서 1심 판결이 나왔습니다. 결과는 가미야의 승소였고 보험회사 측은 항소하였습니다. 이번에는 사인이 의심스러운 점을 정면으로 파고들었으며 부검을 담당했던 오노 교수가 증인으로 나왔습니다. 일본의과 대학교수로 재직하던 그는 이전에 냉동 보관했던 신부의 혈액에서 바꽃에 함유된 아코니틴을 검출하여 '사인은 바꽃에 의한 급성 심부전'이라고 증언했습니다. 이렇게 되자 가미야는 돌연 민사소송을 취하했습니다.

경찰은 1991년 6월 9일 업무상 횡령 혐의로 가미야를 체포했습니다. 그리고 같은 해 7월 1일에는 살인과 사기 미수의 혐의로 다

아코니틴의 화학 구조

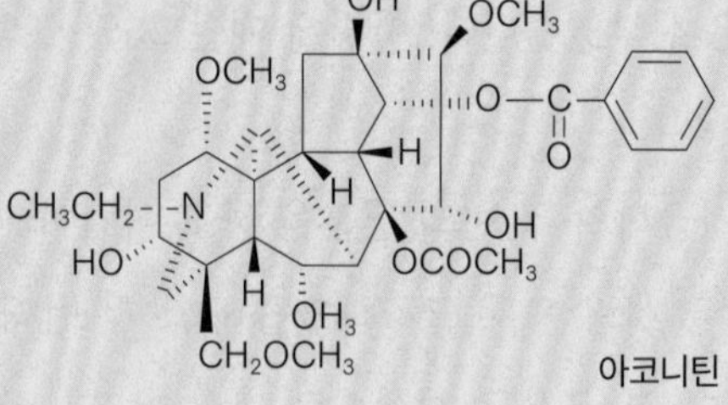

아코니틴

시 체포했습니다.

그리고 후쿠시마현에서 꽃집을 운영하는 사장으로부터 '가미야에게 바꽃 화분을 62개 판매했다.'라는 새로운 증언이 나왔습니다. 가미야의 아파트에서는 독을 추출하기 위해 사용하는 에탄올, 약물을 담는 캡슐, 주사기, 실험용 마우스를 비롯하여 추출물 등의 농축에 사용하는 회전식 증발 장치라는 화학 실험 기구 등 일반인들이 사용하지 않는 물품들이 발견되었습니다. 더욱이 아파트의 다다미에서는 바꽃 독의 아코니틴류가 검출되었습니다.

하지만 가미야는 '바꽃의 독은 효과가 즉시 나타나는데 아내는 자신과 헤어지고 나서 한 시간 반 남짓한 후에 증상이 나타났으며 두 시간 후에 사망했다. 그 자리에 없었던 자신이 어떻게 아내를 바꽃으로 독살할 수 있었겠느냐?'며 무죄를 주장했습니다.

이때 새로운 증거가 나왔습니다. 사건 발생 전에 가미야가 요코스카시의 생선 가게에서 복섬(참복과의 바닷물고기-역주)을 1,200마리나 사들였다는 겁니다. 당연히 사건과의 관련성이 의심되었습니다.

오노 교수가 보관했던 혈액을 다시 검사했더니 복어 독의 테트로도톡신이 검출되었습니다. 바꽃과 복어, 즉 아코니틴과 테트로도톡신이라는 두 가지 종류의 독을 조합하여 살해했을 가능성이 제기된 것입니다.

그렇다면 두 종류의 독이 과연 어떻게 작용하는지를 살펴보겠습니다.

아코니틴과 테트로도톡신은 신경독입니다. 뉴런의 축삭돌기에 있는 나트륨 채널에 작용하여 정보(전기 신호)의 전달을 방해합니다. 즉, 바꽃 독의 아코니틴은 나트륨 채널을 개방시켜서 다량의 나트륨 이온을 세포 내에 유입시킴으로써 정보 전달을 방해합니다. 반면에 복어의 독인 테트로도톡신은 나트륨 채널을 닫아버리기 때문에 나트륨 이온의 유입을 저지합니다. 즉 두 종류의 독은 전혀 반대의 작용을 하는 것입니다.

오노 교수는 바꽃 독의 아코니틴 작용은 즉시 나타나지만, 테트로도톡신이 중간에 끼어들면 두 독이 길항 작용을 하여 약 작용이 늦춰질 가능성이 있다고 말했습니다. 그리고 그 가능성에 대해서 도호쿠東北대학의 협력을 얻어서 실험용 쥐를 이용한 동물 실험으로 확인을 했습니다.

실험용 쥐에게 치사량의 아코니틴을 주사했더니, 곧바로 털을 거꾸로 세우고 구토하듯이 입을 벌렸습니다. 그러고 나서 대소변을 배설하고 결국 강한 경련을 일으키며 죽었습니다. 한편 다른 쥐에는 테트로도톡신 치사량을 주사했는데 초기에는 전혀 작용하지 않았습니다. 잠시 후에야 앞발과 뒷발에 마비가 온 듯하더니 얼마 안 있어 죽었습니다. 아코니틴이 죽기 전 극심한 고통을 보인 것에 반해서 테트로도톡신은 조용한 모습이었습니다.

다음은 두 가지 독의 투여량을 여러 가지로 바꾸어가며 실시하여, 죽음에 이르기까지의 시간을 측정해 보았습니다. 그러자 두 가지 독을 혼합했을 때, ① 독성이 약해진다 ② 사망에 이르는 시간이 늦어진다 ③ 아코니틴을 투여했을 때처럼 극심한 증상을 보이지 않고, 갑자기 구토와 경련이 나타나면서 사망한다는 결론이 나왔습니다.

오노교수는 이러한 실험 결과를 가지고 도쿄 재판에서의 1심에서 '바꽃과 복어 독을 조합하면 바꽃의 독성이 늦게 나타나게 할 수 있다.'고 증언했습니다. 가미야 본인은 마지막까지 살인에 대해서 전면 부정했지만, 1994년 9월 무기 징역 판결을 받았습니다. 2002년 2월, 항소심은 항소를 기각했고 최고 재판에서도 상고가 기각되어 무기 징역이 확정되었습니다.

이야기를 마치기 전에 가미야의 어린 시절에 대해서 잠깐 덧붙이자면, 미야기현의 센다이시에서 태어났으며 아버지는 모대학 교수였습니다. 그는 초등학교 5학년 때 눈앞에서 어머니가 약을 먹고 자살하는 충격적인 일을 겪었습니다. 그 일로 인하여 그의 인생이 크나큰 불행에 빠지지 않았나 생각해봅니다. 가미야 본인은 마지막까지 무죄를 주장하여 감옥에서 두 권의 책을 출판했습니다. 그리고 복역 중의 2012년 11월에 오사카 의료 교도소에서 73세의 나이로 병사했습니다.

혼조시 보험금 살인 사건

사이타마현의 혼조本庄시에서 1995년에 보험금을 노린 살인 사건이 발생했습니다. 처음 사체가 발견되었을 때는 자살로 판정이 났습니다. 그 후 혼조시에서 다른 두 건의 보험금 사기 사건이 발생했습니다(한 건은 미수). 미수에 그친 세 번째 피해자는 '자신도 살해당할 것 같다.'며 매스컴에 호소하여 보험금 살인 의혹으로 보도되었습니다. 그 결과 세 건의 사건이 서로 관련되어 있다는 것이 밝혀졌습니다.

피해자는 모두 남성으로 고액의 생명 보험이 가입되어 있었으며 보험금 수령자는 배우자들이었습니다. 그녀들은 혼조시 시내에 있는 유흥업소에서 호스티스로 일하고 있었습니다. 유흥업소 경영자는 같은 혼조시의 시내에서 금융업을 하는 남성이었습니다. 그는 사건 발생 후 가게에 찾아오는 수많은 매스컴 기자들에게 한 사람씩 입장 요금을 받고 유료 기자 회견을 200차례나 열어서, 매일 주변이 소란스러웠습니다. 그러면 사건의 경위를 정리해 보겠습니다.

제1사건이 발생한 것은 1995년 6월로, 도네利根강에서 익사체가 떠올랐습니다. 공장 근로자 남성으로 3억 엔의 생명 보험에 가입되어 있었으며 배우자인 호스티스 여성, 아나리에 사토 가와무라가 수령인이었습니다. 당시 자살로 인한 익사 사고로 보고 보험금이 지급되었습니다.

제2사건이 발생한 것은 1999년 5월 29일로, 슬롯머신점에서 점원으로 일하는 남성의 시신이 발견되었습니다. 1억 7,000만엔의 생명 보험이 가입되어 있었으며, 수령인은 배우자로 제1사건 때의 수령인과 같은 스낵에서 일하는 모리타 다카코였습니다.

제3사건이 발생한 것은 앞서 제2사건의 시신이 발견된 다음 날인 1999년 5월 30일로, 도장공으로 일하던 남성이 몸 상태가 좋지 않다며 병원을 찾아와서 곧바로 본인이 매스컴에 연락했습니다. 남성은 약물 중독으로 중태에 빠졌습니다. 이 남성에게는 9억엔의 생명 보험이 가입되어 있었으며 수령인은 제1사건 때와 같은 인물인 가와무라였습니다. 그리고 하루 전에 발생한 제2사건의 시신은 화장 직전에 경찰이 수사에 들어갔습니다.

이렇게 하여 세 건의 사건이 세상에 밝혀지게 되었습니다. 세 건의 피해자는 같은 유흥업소의 단골손님들이었으며 가게에 빚을 지고 있다는 사실도 알려졌습니다. 맨 처음 피해자도 자살이 아닌 타살 의혹이 제기된 가운데, 제2사건 때의 부검과 제3사건 때의 피해자 증언을 토대로 해열 진통제의 아세트아미노펜Acetaminophen과 다량의 술을 함께 마시게 한 사실을 알아냈습니다.

2000년 3월, 경찰은 주범인 유흥업소 경영자 야기 시게루와 공범자인 다케 마유미, 가와무라, 모리타 호스티스 세 명을 위장결혼에 의한 '공정 증서 원본 부실 기재' 혐의로 체포했습니다. 그 후 최종적으로 호스티스 세 명의 증언 등을 토대로 살인죄·사기죄로 기소했습니다.

야기는 이미 부인과 아이가 있었지만 세 명의 호스티스와도 불륜 관계에 있었으며 특히 다케 마유미와 함께 살해 계획을 짰다고 합니다. 범행에 사용한 수법은 다음과 같았습니다.

제1사건에서 야기는 범행 대상의 조건으로 두 가지를 생각했다고 합니다. '부모 형제 관계가 소원한 사람'과 '자신의 가게에 외상 빚이 많은 사람'입니다. 결국, 술집에 다니는 것을 인생의 낙으로 삼는 외로운 남성 고객이 범행 대상이 된 것입니다. 야기는 자신의 불륜 상대인 가와무라를 조종하여 피해 남성에게 호적이 필요하다며 위장 결혼을 시키고, 빚보증을 위해 생명 보험에 가입시켰습니다. 그리고 피해자 남성이 일을 마치면 바로 가세로 오게 하여 다량의 술을 마시게 했습니다. 알콜 과다와 수면 부족인 상태가 반년 이상 계속되었습니다.

그런데도 피해 남성의 건강에 이상이 없자 이번에는 다른 작전

아세트아미노펜의 화학 구조

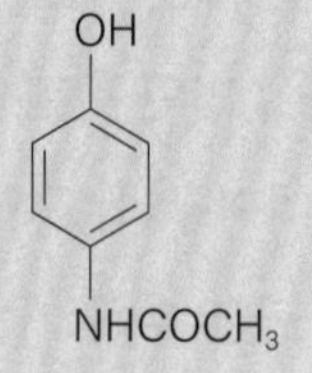

아세트아미노펜

을 짰습니다. 야기와 다케는 둘이서 나가노현의 산에 다니며 바꽃을 채취했습니다. 바꽃을 남성이 좋아하는 팥빵에 넣어서 살해한 것입니다. 피해 남성의 보험금을 타내자, 제2, 제3의 대상을 물색했습니다.

대상 조건은 앞에서와 마찬가지였으며 야기의 애인과 위장 결혼시켜서 생명 보험에 들게 했습니다. 하지만 살해 수법이 달랐습니다. 야기는 다케의 아버지가 아세트아미노펜이 함유된 약과 술을 함께 마시고 몸이 안 좋아져서 결국 세상을 떠났다는 이야기를 듣고 이것을 범행에 이용한 것입니다. 제2의 피해자인 남성 손님에게 영양제나 건강 보조식품으로 속이고 아세트아미노펜이 함유된 약을 하루에 스무 알이나 먹였습니다.

공범으로 야기와 작전을 함께 짰던 다케는 교도소에서 책을 출간했는데 그 안에 다음과 같은 말이 있습니다.

"'두 사람의 꿈을 위해서', '우리 둘을 위해서'라는 말에 취해 너무나 낭만적인 느낌이 들었습니다."(다케 마유미武まゆみ, 『완전한 자유 사랑의 지옥完全自由 愛の地獄』)

자기는 못 한다고 거절했어도 어차피 다른 두 사람이 야기를 도와주었을 것이라고 다케는 복잡한 심경을 내비치기도 했습니다. 어떤 의미에서는 야기라는 남성을 중심으로 세 명의 여성이 세뇌를 당하고 있었을지도 모릅니다. 빠져나오고 싶어도 빠져나올 수 없는 깊은 수렁과 같은 관계였다고 할까요. 다케의 책을 읽으면 다케의 성격이나 능력이 뛰어났다고 느껴집니다. 야기를 만나지 않았다면 하는 부질 없는 생각이 듭니다.

결국, 야기는 최고 재판소에서 사형이 확정되었으며 다케는 무기 징역, 가와무라는 징역 15년, 모리타는 징역 12년의 판결이 확정되었습니다.

두 건의 애견인 살인 사건

애견인 살인 사건은 1995년에 사이타마현과 오사카부에서 각각 한 건씩, 모두 두 건이 발생하였으며 약물을 이용한 사건이었습니다. 사이타마에서는 스트리크닌strychnine 질산염이 사용되었고, 오사카大阪에서는 숙시닐콜린succinylcholine 염화물이 사용되었습니다. 시기적으로 두 사건은 거의 동시에 발생했는데, 한신·아와지 대지진이 발생한 시기와 겹쳤기 때문에 크게 보도가 되지 않아서 두 사건을 혼동하는 분들이 많을지도 모릅니다.

'사이타마 애견인 살인 사건'은 사이타마현 구마가야시에 살던 부부 세키네 겐과 가자마 히로코가 경영하던 애완동물 가게 '아프리카 켄넬'에서 발생했습니다. 이 가게는 사기 판매를 반복하여 고객들과 다툼이 끊이지 않았다고 합니다. 가령 '강아지가 태어나면 비싼 값으로 사들이겠다.'고 암수 한 쌍을 터무니없이 비싼 값에

스트리크닌의 화학 구조

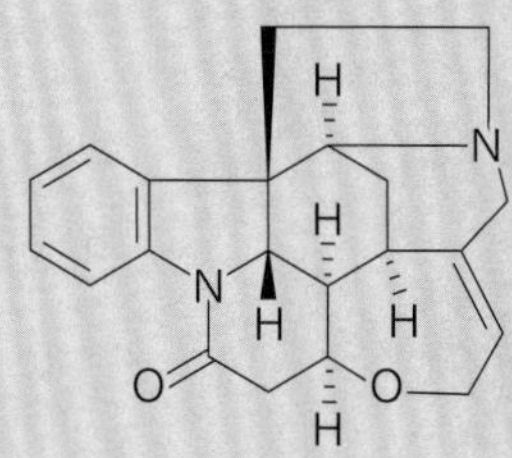

스트리크닌

판매하고서는 나중에 강아지가 태어나면 트집을 잡아서 말도 안 되게 값을 깎는 식이었습니다.

세키네는 일본에서 시베리안 허스키를 유행시킨 장본인이기도 했습니다. 또 시베리안 허스키와 아주 닮은 회색과 흰색이 섞인 뾰족한 귀가 특징인 알래스칸 맬러뮤트의 브리더로도 유명했습니다. 그뿐만 아니라 호랑이나 사자와 같은 맹수도 취급하고 있어서 주변 이웃들은 무서워하기도 하고 싫어하기도 했습니다.

말솜씨가 좋아서 처음에는 인기가 있었지만, 악덕 상술과 거짓말을 반복해서 꺼리는 사람도 많았다고 합니다.

그런데 거품경제가 붕괴하면서 애완동물의 수요가 감소하고, 호화 자택 겸 가게를 빚까지 지면서 신축하여 가게 경영이 악화하였습니다. 이때쯤 손님과 마찰을 빚게 되어 약물로 살해한 것이 아

마전과의 마전 열매. 마전은 인도 원산으로 불리며, 이름은 '구토를 일으키는 나무 열매' 라는 의미이지만, 마전의 열매에는 구토를 유발하는 작용은 없다. 마전 독의 주된 성분은 스트리크닌으로 열매 몇 개가 성인의 치사량에 이른다.

니냐는 의혹을 받게 된 것입니다.

사용한 약물은 스트리크닌 질산염입니다. 이것은 알고 지내던 수의사로부터 개를 안락사시킬 목적으로 얻은 것으로 스트리크닌은 마전과의 마전 종자에 들어 있는 알칼로이드입니다. 맹독성이며 생약의 '마전자' 몇 알로도 사람을 죽음에 이르게 할 수 있습니다. 극히 소량의 스트리크닌을 실험용 쥐에게 투여했더니 강직성 경련, 즉 몸이 놀랄 만큼 길게 늘어나서 경직되었습니다. 그리고 일정 시간이 지나자 실험용 쥐는 아무 일도 없었던 것처럼 원래대로 돌아왔지만, 이후 아주 작은 자극을 주기만 해도 다시 강직성 경련을 일으켰습니다. 사람에게 같은 정도의 작용을 일으킬 양을 투여했을 때 강직성 경련이 일어나는 중에도 의식은 정상적이라고 하니 생각만 해도 끔찍한 약물입니다.

이 사건은 '시신 없는 살인'이라고 불리며, 시신은 훼손되어 소각된 뒤 군마현의 산림과 강에 유기되었습니다. 사건 발생은 1993

년 4월 20일 교다行田시의 회사 간부 A씨가 회사에서 집으로 퇴근하던 도중 행방불명되었습니다. 나중에 밝혀졌지만, 애완동물 가게의 부부에게 개를 터무니없이 비싼 가격에 사면서 다툼이 있었다고 합니다. 그리고 같은 해 7월 21일에는 오사토군 코난마치甲南町(현재 구마가야시)의 폭력단 간부 B씨와 같은 집에 사는 운전기사 C씨가 행방불명되었습니다. B씨는 세키네의 경호원 역할을 하던 사람이었습니다. 그리고 다음 희생자는 같은 해 8월 26일, 교다시의 주부 D씨로, 잠시 물건을 사러 나간 후 실종되었습니다. 이후 알려진 바로는 D씨의 차남이 '아프리카 켄넬'에서 일하게 되면서 세키네 부부와 친하게 지냈다고 합니다. 또 주부 D씨의 거의 전재산에 해당하는 270만 엔도 없어졌습니다. 재판에서 세키네는 출자금 명목으로 빌렸다고 증언했습니다. 결국, 네 명이 짧은 시간에 실종된 것과 세키네 부부의 가게의 관계가 세상에 밝혀지게 되었습니다.

1995년 1월 5일, 세키네 부부가 체포되었습니다. 결정적 증언을 한 사람은 애완동물 가게에서 일하던 직원 Y씨였습니다. 그는 시신을 훼손했던 범행장소를 제공하였으며 그의 증언을 토대로 피해자의 유골과 유품이 발견되었습니다. 네 명의 살해 방법은 모두 스트리크닌 질산염을 넣은 캡슐을 영양제로 속여 먹게 한 것이었습니다.

Y씨도 같은 해 1월 8일 처음 사건의 사체 손괴와 유기 혐의로 체포되었습니다. Y씨에 의하면 세키네는 '살인 올림픽이 있으면

나는 금메달감이다.' '시체가 없으면 실종이다. 증거가 있으면 내놔 봐라. 나를 이길 자는 아무도 없다.' 등의 말을 했다고 합니다. 결국, Y씨는 1심에서 징역 3년의 실형을 판결받았습니다. 항소했지만 도쿄 고등재판소가 항소를 기각, 상고하지 않아서 징역 3년이 확정되었습니다.

한편 세키네 부부에 대해서 검찰은 사형을 구형했습니다. 남편은 사형을 피하려고 무기 징역을, 부인은 무죄를 주장했지만 2001년 3월 21일 우라와浦和 지방재판은 부부에게 각각 사형 판결을 내렸습니다. 피고측은 항소했지만 2005년 7월 11일, 도쿄 고등재판에서 항소를 기각하였고 두 사람 모두 상고하였지만, 2009년 6월 5일 최고 재판소는 상고를 기각, 각각 사형이 확정되었습니다. 부인은 전후 12번째의 여성 사형수가 되었습니다.

앞에서도 언급했지만, 부부가 체포된 직후 1월 17일에 한신 아와지 대지진이 일어났습니다. 그래서 이 사건은 매스컴에서 별로 크게 다루지 않았습니다. 게다가 곧이어 옴 진리교 사건이 발생하였기 때문에, 사이타마 애견인 살인 사건은 큰 사건이었는데도 불구하고 세상에 별로 알려지지 않은 것 같습니다.

다음은 오사카 애견인 살인 사건에 관한 이야기입니다. 이때 사용된 것은 숙시닐콜린 염화물입니다.

남미에서는 화살 독으로 사용되며 현지에서는 '쿠라레'라고 불리는 이 물질에서 유독 성분인 알칼로이드의 *d*-투보쿠라린

d-Tubocurarine, *d*-Tc이 확인되었습니다. *d*-Tc에는 근육 이완 작용이 있어서 이 약물을 동물에 주입하면 움직일 수 없게 됩니다. 약물의 이러한 작용을 이용하여 수술에도 응용하게 되었습니다. 현재는 *d*-Tc의 화학 구조를 참고로 합성된 데카메토니움decamethonium 및 숙시닐콜린 등이 사용되고 있습니다. 이 중에서 숙시닐콜린 염화물은 개의 안락사에도 사용되는데 이 화합물이 사건에 악용되었습니다.

우에다 요시노리上田宜範의 본가는 오사카 사카이堺시에서 양조장을 하고 있어서 부유한 편이었습니다. 고등학교 졸업 후에 잠시 본가의 일을 돕다가 아버지의 도움으로 친구와 주택 판매 회사를 차렸지만, 3,000만 엔의 빚을 지고 회사가 도산했습니다. 빚은 아버지가 갚아 주었고 다시 자동차 판매 회사를 차렸는데 이번에는 친구에게 사기를 당하여 7,000만 엔의 빚을 지고 맙니다. 할머니가 가지고 있던 주식을 매각하여 빚을 대신 갚았지만, 집안에서는 내놓은 자식 취급을 했습니다.

그 후 화물 트럭 운전을 하기도 했지만 오래는 못 했습니다. 그러던 중 지인에게 '렌터카 사업을 하자'고 제안하여 출자금 수백만 엔을 가지고 도망쳤다가 체포되어, 1년 3개월의 실형 판결을 받았습니다. 가석방되어 나온 그를 보고 지인에게 맡겨 두었던 셰퍼드가 반가워하는 것에 감동하여 개를 데리고 사카이시로 돌아왔습니다. 강변에 개를 데리고 산책하다가 반려견 보호자들과 친해진 그는 자신을 '반려견 훈련사'로 소개하게 되었습니다. 어릴 때부터 개를 좋아해서 아는 수의사에게 자주 놀러 갔던 일을 떠올렸다고 했습니다. 그러던 어느 날 수의사에게 놀러 갔다가 우연히 강아지를 근육 이완제인 숙시닐콜린 염화물로 안락사시키는 현장을 보게 됩니다. 이를 눈여겨 본 우에다는 수의사에게 몇 번이고 부탁하여 숙시닐콜린 염화물을 손에 넣었습니다. 바로 이것이 연속 살인을 저지르게 된 계기가 됩니다.

1992년 5월, 우에다는 충분한 지식이 없는 상태에서 개 훈련소를 만든다는 목적으로 나가노현의 시오지리시 시내에 약 2헥타르의 토지를 빌렸습니다. 사업 자금은 지인들에게 부탁하거나 거리 홍보로 모았다고 합니다.

1992년 6월 하순, 고향인 오사카로 돌아간 우에다는 지인을 불러냈습니다. 마침 그가 설사로 힘들어하자 '지사제'라고 속여서 수면제를 먹인 후, 그대로 차에 태워서 시오지리로 돌아와서 숙시닐콜린 염화물을 주사했습니다. 그 후 오사카에서 아르바이트하다가 알게 된 남성에게는 반려견 훈련소를 도와 달라고 부탁하여 시오지리에서 땅을 다지는 작업을 함께 했습니다. 하지만 그가 아르바이트 급여를 달라고 하자, 그만 성가신 마음이 들어서 살해하고 맙니다(같은 해 7월 27일 외출 후 실종). 또 우에다에게 30만 엔을 출자한 35세 남성도 실종했습니다(같은 해 8월 무렵).

1992년 9월, 우에다는 오사카 야오시의 단독 주택으로 이사하여 수의사의 소개로 알게 된 여성에게 반려견 훈련소의 공동 경영을 제안합니다. 여성이 50만 엔의 현금을 주면서 "나를 속이면 반려견 일 못 할 줄 알아요."라고 압박하자 결국 살해했습니다(같은 해 10월 25일). 그 외에도 우에다는 전부터 알고 지내던 사카이시에 사는 다른 여성에게 같은 방식으로 접근해서, 9월에 1,000만 엔을 받았습니다. 하지만 이 여성은 좀처럼 사업이 진행되지 않자 우에다를 재촉하였고, 우에다는 이 여성을 살해하고 맙니다. 불과 며칠 만에 또 살인을 저지른 것입니다(같은 해 10월 29일, 자택에 메모를 남기고 실종). 이처럼 짧은 기간 동안 별 이유도 없이 다섯 명이 살해당하고 말았습니다.

우에다 요시노리는 1994년 1월 26일에 살인 및 사체 유기 혐의로 체포되었습니다. 1995년 2월 10일, 우에다의 진술에 따라 시오지리시에서 다섯 구의 시신이 발견되었습니다. 1998년 3월 30일 오사카 지방 재판에서 사형 판결을 받았으나 우에다는 항소하였고, 2001년 3월 15일 오사카 고등 재판에서 항소를 기각하여 우에다는 다시 상고하였으나, 2005년 12월 15일 최고 재판소는 상고를 기각하고 사형을 확정했습니다.

귀부 와인 사건

'귀부 와인'이란 향과 단맛의 풍미가 뛰어난 고급 와인입니다. 게다가 희소가치가 있어서 '와인의 제왕'이라고 불립니다. 잘 익은 포도에 귀부균*Botrytis cinerea*이 묻어서 만들어진 특수한 포도를 귀부 포도라고 합니다. 귀부균이 포도 과피의 왁스를 파괴하기 때문에 과즙에서 수분이 증발하여 당도가 농축됩니다. 프랑스의 소테른, 독일의 트로켄베렌아우스레제, 헝가리의 토카이 와인이 '세계의 3대 귀부 와인'으로 불립니다. 또 오스트리아의 단맛이 나는 와인도 귀부 포도를 사용하여 풍미가 좋다고 정평이 나 있습니다.

그런데 1985년 7월 초, 오스트리아에서 서독(당시)으로 수입된 화이트 와인에 부동액과 보냉제 등에 들어 있는 다이에틸렌글리콜diethylene glycol, DEG이 섞여 있는 것이 발견되어 큰 소동이 일었습니다. 이 물질에는 단맛과 걸쭉함이 있지만, 최소 치사량 1,000mg/kg 독성을 가진 화합물입니다. 결국, 와인에 단맛과 걸쭉한 맛을 내기 위해 위조를 한 것입니다.

7월 9일 독일 보건부는 오스트리아산 와인이 건강에 문제를 가져올 수 있다고 전 세계에 발표했습니다. 7월 중순부터 일부 국가에서는 오스트리아산 와인의 수입과 판매를 금지했으며, 많은 국가에서 판매업자가 자발적으로 오스트리아산 와인을 가게 판매대에서 회수하기 시작했습니다.

그런데 같은 해 7월 24일, DEG가 섞여 있다고 알려진 와인 중 일부가 도쿄에서 판매되고 있는 사실이 알려졌습니다. 이는 오스트리아에서 생산된 원액을 서독의 회사가 병에 넣어서 판매한 것으로 판명되었습니다. 일본 후생성(당시)은 다음 날 25일 전국의 소매점에 대해서 서독·오스트리아 두 나라에서 제조된 화이트 와인의 전면 철거를 요청했습니다. 8월 3일 후생성은 일본에서 판매되고 있는 와인에서는 DEG가 검출되지 않았으며 안전하다고 선언했습니다. 그리고 8월 8일 조간신문에 산락쿠(현재 메르샨Merician), 산토리, 만즈 와인사가 자사 제품은 안전하다는 광고를 냈습니다.

그런데, 8월 29일 일본 식품위생협회는 구매자가 가져온 와인에서 DEG가 검출되었다고 발표했습니다. 만즈 와인사가 '귀부 와인', '귀부 포도'라고 이름을 내건 고급 와인 등에서 DEG가 검출된 것입니다.

DEG가 함유된 720밀리리터의 귀부 와인은 3,000병, 180밀리리터의 작은 병은 5만 병이 유통된 사실이 알려졌으며, 만즈 와인사는 9월 2일, 이들 제품의 출하 정지 조치를 내렸습니다. 모두 오스트리아의 산타 헬레나Santa Helena사에서 원액을 생산하고 만즈 와인사가 병에 넣어서 판매했다는 사실도 밝혀졌습니다. 이후에도 만즈 와인사는 위반 행위를 계속했습니다. 결국 야마나시현의 검사를 피하려고 산타 헬레나사에서 수입된 원액을 정화조에 버린 것이 발각되어 만즈 와인사의 사장이 책임을 지고 사퇴를 발표했습니다. 9월 18일 야마나시현은 만즈 와인사의 가츠누마勝沼 와이너리에 대해서 원료 처리를 제외한 모든 부분의 영업 정지를 명령했습니다. 하지만 만즈 와인사의 DEG가 혼입된 와인은 일곱 품목, 38만 병에 달했으나 회수·폐기된 것은 이 중에서 10분의 1이 채 되지 않았습니다.

오스트리아 와인 소동의 영향에 대해서도 살펴보면, 오스트리아 와인의 수출량은 사건이 일어나기 전인 1985년에는 약 4,500만 리터에서 1986년에는 10분의 1 이하인 약 440만 리터로 급감했습니다. 이 상태는 수년 동안 계속되었는데, 2001년에야 겨우 사건 전의 1985년 수준인 5,000만 리터를 회복했습니다. 회복하는 데 15년이라는 시간이 걸린 것입니다. 소동이 있고 나서 수 주일에 걸쳐서 오스트리아 국내에서는 수십 곳의 와인 제조업자와 판매업자가 오스트리아 당국에 의해 체포되었고 징역 1년 6개월을 판결받았습니다.

DEG에는 단맛과 걸쭉한 맛이 있어서 가짜 '귀부 와인'을 만들기 위해 고의로 섞어 넣었을 겁니다. DEG에는 불쾌한 맛이나 냄새는 없지만, 냉장고 안의 보냉제를 아이가 먹고 중독된 사례가 있고, 바깥에 둔 DEG를 반려견이 먹고 중독 사망한 사례도 있습니다. DEG를 다량으로 복용하면 구토와 두통, 휘청거림, 복통, 설사 등을 일으키며 최악의 경우에는 사망할 수 있습니다.

2007년에는 중국제 치약에서 DEG가 발견된 사례도 있습니다.

일본에서 제조 판매되고 있는 주요 치약 제품에는 DEG가 들어 있지 않지만, 호텔 등에서 사용되는 중국산 치약 제품(3~5g 튜브) 중 일부에서 발견되어 자체 회수되었습니다. 다행히 건강상의 피해는 보고되지 않았습니다.

분유 멜라민 혼입 사건

2008년 9월 중국에서 멜라민melamine이 첨가된 분유를 먹은 영유아들이 신장 결석 등의 피해가 발생했다고 보도되었습니다. 중국 전역에서 유아 29만 4,000명이 피해를 보았으며 적어도 여섯 명이 사망하였습니다. 멜라민은 플라스틱 원료가 되는 화학 물질입니다. 멜라민을 원료로 한 멜라민 수지는 내열성이 뛰어나서 식기, 가구 등에 많이 사용됩니다.

멜라민의 화학 구조

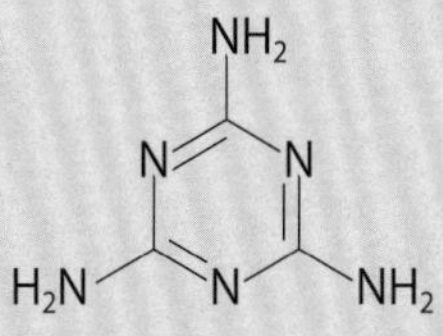

멜라민

세계보건기구는 멜라민이 우유에 첨가된 이유에 대해서 '중국에서 사건이 발생한 지역은 양을 늘리려는 목적으로 생우유에 물을 탔다. 물을 타서 농도가 묽어지자 단백질 함량도 낮아졌는데, 단백질 함량을 늘릴 필요가 있었다. 우유의 단백질 함유량은 질소 함량을 측정하는 방법으로 검사되는 것을 알고 질소 함량이 높은 멜라민을 첨가한 것이다.'라고 설명하였습니다. 결국, 물을 타서 양을 늘린 사실을 숨기기 위해 멜라민을 악용한 것입니다.

이 사건이 일어나기 전에 미국에서도 비슷한 사건이 발생했었습니다. 애완동물 사료 안에 멜라민을 첨가하여 그것을 먹은 애완동물이 신부전을 일으켜서 백 마리 이상이 사망한 겁니다. 이 역시 중국인 업자가 단백질 함량 기준을 통과하기 위해 악의적으로 속인 것이었습니다.

2009년 1월 22일 중국 하베이성의 중급인민법원(지방 재판)은 멜라민을 첨가한 분유를 제조·판매한 피고 두 명에게 공공안전 위해죄를 적용하여 사형을 선고했습니다. 사건의 피해자 가족들은 분유 제조업계와 관련 당국도 처벌해야 한다고 비난했습니다.

독이 든 만두 사건

2008년 1월 치바현과 효고현에서 중국산 냉동 만두를 먹은 후,

메타미도포스의 화학 구조

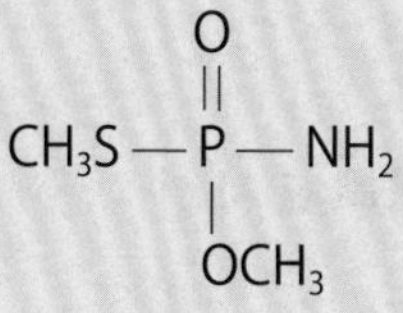

메타미도포스

어지럼증과 구토 등의 식중독 증상을 보이며 아홉 명이 입원하는 사건이 발생했습니다. 조사 결과 냉동 만두에서 유기인계 농약인 메타미도포스methamidophos가 검출되었습니다. 제조한 중국 업체에게 문의했지만 당시에는 무시했습니다. 그로부터 2년이나 지난 2010년 3월, 중국에서 '용의자 체포'라는 뉴스가 발표되었습니다.

용의자는 해당 업체에서 근무하는 임시직 직원이었습니다. 적은 월급에 불만을 품고 출하되기 전의 냉동 만두에 살충제 액을 주입했다고 자백했습니다. 살충제의 주성분은 메타미도포스였습니다. 일본에서는 메타미도포스가 사람에게 유독하다고 판단하여 농약으로 사용하는 것도 금지되어 있습니다.

메타미도포스는 화학 무기의 사린과 유사한 화학 구조를 가진 유기인계 농약으로 1964년에 바이엘사에서 개발되었습니다. 신경독 작용을 나타내며, 신경 전달 물질인 아세틸콜린을 분해하는 효소인 콜린에스테라아제cholinesterase의 활성을 저해합니다. 그 결과 아세틸콜린이 분해되지 않아서 신경 흥분이 계속됩니다.

청산 칼륨과 닥터 기리코 사건

1998년 12월 닥터 기리코 사건이 발생했습니다. 도쿄에 사는 24세의 여성이 인터넷에서 '닥터 기리코의 진찰실'이라는 홈페이지를 개설한 남성으로부터 받은 청산 칼륨이 든 캡슐을 먹고 사망한 것입니다.

피해자 여성은 지인을 통해서 남성을 알게 되었는데, 이 남성은 삿포로시에 사는 27세로, 자살을 돕기 위해서가 아니라 '자살 생각을 단념하는 부적'으로 청산 칼륨 사용을 부탁하는 메모를 동봉해 보내 주었다고 주장했습니다. 즉 '청산 칼륨 보관 위탁'이라는 명목으로 피해자 여성을 포함한 여러 명에게 보낸 것입니다. 보관 위탁 계약 기간은 5년으로 계약이 종료한 후에는 남성에게 청산 칼륨을 되돌려준다는 계약 내용이었습니다.

여성은 1998년 12월 15일에 사망하였고, 이 사실을 안 남성도 청산 칼륨을 먹고 자살했습니다. 다음 해 2월 12일, 경찰청 다카이도高井戸 경찰서는 남성을 자살 방조의 혐의로 피의자 사망 상태로 서류 송검했습니다.

청산 화합물로 잘 알려진 또 다른 사건은 1984년 글리코·모리나가森永 사건입니다. 글리코 사장을 유괴하고, '청산 화합물이 든 과자를 진열대에 올리고 싶지 않으면 돈을 보내라'는 내용의 협박 편지를 과자 회사와 매스컴에 보낸 기묘한 사건이었습니다. 다행히 유괴된 사장은 무사히 돌아왔으며 더는 피해자가 나오지 않았습니다. 경찰청은 광역 중요 지정 사건으로 범인을 쫓았지만, 2000년 2월 13일로 공소 시효가 성립되어 미제 사건이 되었습니다.

와카야마 독극물 카레 사건

1998년 7월 25일, 와카야마시 독극물 카레 사건이라 불리는 불행한 사건이 발생했습니다. 소노베園部 지역에서 열린 여름 축제에서 카레를 먹은 67명이 복통과 구토 등을 호소하여 병원에 실려 갔으며, 이 중에서 4명이 사망했습니다. 64세와 54세의 남성, 16세의 여고생, 그리고 10세의 남자 어린이였습니다.

처음에 경찰은 토사물에서 청산 화합물을 검출했다고 크게 발표했습니다(『아사히 신문』, 1998년 7월 28일). 하지만 증상이 청산 중독과 맞지 않았습니다. 저 역시 당시에 '청산 화합물에 의한 중독은 급성으로 나타나는데 중독자의 증상이 오랜 시간 계속되는 점이 이상하다.'고 느꼈던 것을 기억합니다. 결국, 경찰청의 과학 수사대가 재조사하여 아비산이 혼입된 사실이 판명되었습니다.

그리고 1998년 10월 4일, 지인 남성에 대한 살인 미수와 보험금 사기 혐의로 피의자 H가 체포되었습니다. 같은 해 12월 9일에는 카레에 혼입한 아비산에 의한 살인과 살인 미수 혐의로 다시 체포되었습니다. 그녀는 1심의 와카야마 지방재판소, 2심의 오사카 고등재판소에서 사형 판결을 받았고, 상고하였지만 2009년 4월 21일에 최고재판소에서 상고를 기각하였습니다. 판결 정정 요청도 같은 해 5월 18일부로 기각되어 사형이 확정되었습니다. 이로서 피의자 H는 전후 일본에서의 11번째 여성 사형수가 되었습니다.

아비산은 물에 녹기 쉬운 성질을 가졌습니다. 15세기 말에 이탈리아의 귀족 보르자Borgia 가문에서는 칸타렐라cantarella라는 독약의 원료로도 이용했다고 전해집니다. 칸타렐라란 거꾸로 매달아 때려서 죽인 돼지의 내장에 아비산을 첨가하여 썩힌 것으로, 사체가 부패하면 프토마인(단백질이 썩어서 생기는 유독성 화합물)이 생긴다고 여긴 것입니다. 즉, 칸타렐라는 아비산과 프토마인의 혼합물이라고 할 수 있습니다.

이 독은 사용하는 양에 따라서 천천히 장기간에 걸쳐 죽일 수도 있고 한순간에 죽일 수도 있다고 알려졌지만, 결국 칸타렐라의 작용은 아비산의 작용이라고 할 수 있습니다. 비소 화합물은 오래전부터 독과 관련한 사건에 사용됐습니다. 정확한 검출법이 확립되고 나서 '어리석은 자의 독'이라고 불리게 되었다는 것은 앞에서도 이야기했습니다.

아비산은 앞에서 이야기한 모리나가 비소 분유 사건과도 관련이 있어서 '독' 이미지가 강할지도 모르겠지만, 현재 일본 약국방에 '아비나 파스타'의 성분으로 수록된 엄연한 의약품이기도 합니다. 아비나 파스타는 예전에 치과용 약제로 치수실활약, 즉 신경 작용을 멈추게 하는 약으로도 사용된 적이 있습니다.

불가리아 작가 독살 사건

게오르기 마르코프Georgi Markov는 불가리아에서 영국으로 망명한 소설가입니다. 1978년 9월 7일, 마르코프는 자신의 승용차를 런던의 워털루역 옆에 세우고, 버스 정류장에서 템즈강 건너편 강가에 있는 부시 하우스Bush House로 향하는 버스를 기다렸습니다. 부시 하우스에는 그가 근무하는 BBC의 해외 부서가 있었습니다.

버스 정류장에서 박쥐우산을 든 두 남자가 마르코프를 스쳤는데, 이때 우산 끝이 그의 허벅지에 맞았습니다. 남자는 정중하게 사과하고 지나갔습니다. 그런데 그날 밤부터 마르코프는 몸이 좋지 않았습니다. 심하게 토하고 고열로 괴로워하다가 결국 다음날에 병원에 입원했습니다. 검사 결과 우산에 맞은 부분이 염증을 일으켜서 임파선이 부어 있었습니다. 이틀째에는 혈압이 내려가고 사흘째에는 소변이 나오지 않게 되었으며 나흘째에는 피를 토하고 사망하고 말았습니다.

마르코프의 상처에서는 지름 1.5밀리미터의 금속 구슬이 나왔습니다. 우산에 공기총이나 가스총 같은 것이 장치되어 있어서 거기에서 금속 구슬이 발사된 것으로 추정됩니다. 금속 구슬은 90퍼센트의 백금과 10퍼센트의 이리듐의 합금으로, 그곳에 지름 0.4밀리미터 크기의 구멍 두 개가 뚫려 있었는데 그 구멍 안에 독을 넣은 겁니다.

금속 구슬 안에 넣은 독은 대극과의 피마자의 종자에서 얻어진 독성이 강한 단백질인 리신이었습니다. 리신은 간장이나 췌장에 모여서 세포를 파괴하는데, 어느 정도 시간이 흐른 다음에 작용합니다. 리신은 일부 국가에서 화학 무기로 지정된 화합물입니다.

아세트산 탈륨과 아자이드화 나트륨에 의한 사건

후쿠오카대학병원에서 임상 검사 기사 8명이 탈륨에 중독된 사건이 발생했습니다. 탈륨은 휴게실의 설탕통에 들어 있었다고 판명되었으며, 커피를 마신 사람들이 중독을 일으켰습니다.

그중 한 사람은 1979년 7월과 같은 해 12월, 그리고 1981년 7월, 세 차례에 걸쳐서 탈륨에 중독되어 머리카락이 빠지고 몸 전체에 통증을 호소하며 입원했습니다.

조사가 난항을 겪고 있는 사이 동료 기사가 '나는 범인을 알고 있습니다. 좀 더 빨리 누군가에게 알렸다면 이런 일은 일어나지 않았을 텐데……. 하지만 막으려고 해도 소용이 없었습니다. 내가 말하지 않은 탓에 이런 문제가 생겨서 죄송합니다. 죽음으로 죗값을 치르겠습니다. 자수해 주세요.'라는 내용의 유서를 남기고 자살했습니다. 결국, 조사는 중지되었고 범인을 잡지 못한 채 후쿠오카 지방재판소에 서류 송검되었습니다.

한편, 1991년에는 도쿄대학 의학부 부속 동물 실험 시설의 기사가 '동료가 나에게 독을 먹인 것 같다'는 말을 남기고 사망했습니다. 그는 1990년 12월 13일, 전신 통증 및 손발 저림과 탈모 증상이 심해서 입원했습니다. 하지만 해가 바뀌자 상태가 더 나빠져서 결국 2월 14일 오후 6시에 숨을 거두었습니다. 숨진 기사의 마지막 말을 수상하게 여긴 담당 의사는 경찰에 신고하였고, 부검 결과 장기에서 아세트산 탈륨이 검출되었습니다.

해당 사건을 독살로 보고 조사한 결과, 1993년 7월 22일 사망한 기사와 평소 사이가 나빴던 동료 기사가 살인 혐의로 체포되었습니다. 동료 기사는 범행을 자백했습니다. 살해 동기는 아침에 인사도 하지 않을 만큼 무뚝뚝하고, 직장 연락처로 중고차 중개인을 겸하고 있어서 자신이 주의하라고 했는데도 무시하는 등, 자신을 바보 취급했기 때문이라고 했습니다. 2000년 6월 8일 최고 재판소는 1심의 징역 11년의 형을 그대로 확정했습니다.

참고로 탈륨 중독을 다룬 추리소설로는 아가사 크리스티의 『창백한 말』이 유명합니다.

또 다른 사건은 아자이드화 나트륨과 관련한 것입니다. 1998년 여름부터 가을에 걸쳐서 니가타·미에·아이치·교토에서 전기 포트에 아자이드화 나트륨sodium azide, NaN_3을 넣은 사건이 잇따라 발생했습니다. 이 사건을 계기로 1998년 12월 24일 '독물 및 극물 지정령의 일부를 개정하는 정부령'이 제정되었고 아자이드화 나트륨은 독물로 지정되었습니다. 아자이드화 나트륨은 검체의 방부제로 사용되기 때문에 의료 현장 등에서는 잘 알려진 화합물입니다. 또한, 과거에 아자이드화 나트륨은 에어백의 가스 발생제로도 사용되었는데, 일본에서는 인체와 환경을 생각하여 2000년 이후부터 이 목적으로는 사용되지 않고 있습니다.

아자이드화 나트륨을 섭취하면 두근거림, 숨이 참, 어지러움, 권태감, 메스꺼움, 구토, 두통 등의 징후를 보입니다. 또 다량으로 섭취할 경우 경련과 혈압 저하, 의식 불명, 호흡 기능 상실 등을 일으켜서 사망에 이를 수 있습니다.

현재 중독 증상에 대한 근본적인 치료 방법은 확립되어 있지 않기 때문에, 대증 요법(병의 원인을 찾아 없애기 곤란한 상황에서, 겉으로 나타난 병의 증상에 대응하여 처치하는 치료법-역주)만으로 대응할 수밖에 없습니다. 그리고 아자이드화 나트륨 중독 후에는 다행히 회복하더라도 뇌 등에 심각한 후유증이 남기도 합니다.

폴로늄에 의한 암살

망명한 러시아인으로 소련 체제 당시 KGB(국가 보안 위원회)의 간부였던 알렉산드르 리트비넨코Alexander V. Litvinenko(1962~2006)가 암살당한 사건은 이렇습니다. 그는 2006년 11월 1일 런던의 초밥 전문 식당에서 러시아에서 찾아온 남성 세 명과 점심을 먹고 있었습니다. 그때 그들 중 누군가가 리트비넨코가 마시던 녹차 안에 폴로늄 210을 투입했을 것으로 추정됩니다.

암살에 사용되는 독에는 여러 가지 종류가 있지만, 여기서 사용된 폴로늄polonium은 방사성 물질이며 자연 물질이 아니라 원자로에서 인공적으로 만들어진 것입니다. 이에 관하여 자세히 설명하기 전에 도대체 누가 리트비넨코의 목숨을 노렸을까요?

1991년 소련이 붕괴한 후 KGB는 러시아 연방보안국FSB으로 조직이 바뀌었는데, 리트비넨코는 간부 중 일부가 범죄 행위에 관여하고 있다고 고발했습니다. 이때부터 리트비넨코는 '위험한 인물'로 여겨져서 협박을 받고 투옥되기도 합니다. 2000년 11월 리트비넨코는 가족과 함께 터키로 휴가를 떠나기 위해 출국하였고, 돌아오는 길에 런던에서 영국으로 망명했습니다. 과거 KGB 장관이었던 블라디미르 푸틴Vladimir V. Putin은 2000년 3월에 러시아 대통령으로 취임했습니다.

영국에서 시민권을 얻은 리트비넨코는 '1999년에 300명 가까이 희생자를 낸 러시아의 3개 도시에서 발생한 고층 아파트 연속 폭파 사건이 체첸 독립파 무장 세력의 테러라고 알려졌지만, 실은 제2차 체첸을 침공하기 위해 구실을 얻으려던 푸틴 세력을 권력의 자리에 앉히기 위해 FSB가 꾸민 위장 테러였다.'라고 쓰는 등 반 푸틴 입장을 분명하게 밝히기 시작했습니다.

여기서 잠깐 리트비넨코가 식당에서 나온 직후부터 그의 행적을 살펴보겠습니다. 호텔에서 다른 친구 두 명을 만난 후 집에 돌아왔는데 몸 상태가 좋지 않아서 응급으로 입원했습니다. 리트비넨코 본인은 '누군가 독을 탔다.'고 주장했다고 합니다. 심한 구토를 반복하고 머리카락이 빠지고 몸에 힘이 없어지며 혼수상태에 빠졌습니다. 방사선 장애의 특유 증상이었습니다. 결국 11월 23일 오후 9시에 사망했으며 소변에서 폴로늄이 검출되었기 때문에 체내 피폭에 의한 사망으로 판명되었습니다.

조사 결과 초밥 전문 식당에서 폴로늄이 검출되었습니다. 그가 사망한 후 그가 쓴 유서가 매스컴에 공개되었는데, 유서에는 자신이 러시아 대통령에 의해서 살해되었다고 고발하며 푸틴과 FSB가 책임을 져야 한다고 비난했습니다.

그러면 폴로늄 독성에 대해서 정리해 보겠습니다. 이 원소를 발견한 사람은 퀴리 부부입니다. 퀴리 부인의 모국인 폴란드를 기념하여 폴로늄이라고 이름 붙였습니다. 금속 광택을 띤 부드러운 금속으로 현재는 원자로에서 핵반응에 의해서 만들어집니다. 사람의 치사량은 10마이크로그램입니다. 리트비넨코의 살해에 사용된 폴로늄을 조제하려면 원자로가 필요하므로 우선 개인이 손에 넣기란 불가능합니다. 따라서 범행의 배경에는 커다란 조직이 있다고 생각할 수 있습니다.

폴로늄 210은 강력한 알파선을 계속 방출합니다. 반감기는 138일로 짧으며 독성이 상당히 강합니다. 알파선은 생체 세포 안에 들어오면 세포 안의 중요한 생명 조직 등을 쉽게 파괴합니다. 면역 기능도 파괴하고 백혈구 수도 급격하게 저하합니다.

옴 진리교의 범죄

종교 단체인 옴 진리교는 탄저균을 배양하여 그것을 생물학 무기로 사용할 계획이었다고 합니다. 교단 대표의 아사하라 쇼코麻原彰晃(본명 마츠모토 치즈오松本智津夫, 1955~2018)의 지시로 1993년 6월 28일과 같은 해 7월 2일에 도쿄도 고토구 가메이도의 신교단 본부 옥상에 설치한 장치를 이용하여 배양하던 탄저균 에어로졸을 외부에 살포했습니다. 다행히 탄저균에 의한 감염자는 발생하지 않았지만, 주변에 악취가 진동해서 큰 소동이 일었습니다. 옴 진리교 교단은 1990년 4월에도 도쿄 도심에 보툴리누스균을 대량으로 살포하려 했으나 미수에 그쳤습니다. 생물학 무기가 제대로 작용하지 않은 이유도 있었기 때문에, 이후 사린 등의 화학 무기 쪽으로 방향을 바꾸었습니다.

탄저균은 지구상에 널리 존재하며 매우 쉽게 구할 수 있습니다. 아포(식물이 무성 생식을 하기 위해 형성하는 생식세포-역주)로 생존하는 시간이 길고, 아포 상태에서 아직 발아하지 않았을 때는 각종 약품이나 자외선에도 강한 성질이 있습니다. 그리고 어떤 방법으로 아포가 사람 몸 안에 침입하면 발아하고, 영양형(세균의 경우, 아포를 지니지 않은 형태-역주)으로 몸 안에서 급속하게 증식합니다. 말하자면 탄저를 발병하는 것입니다.

2001년 9월 11일, 미국에서 동시다발 테러 사건 직후에 이번에는 탄저균이 우송되는 바이오 테러가 발발하여 사망자가 발생했습니다. 이 사건은 '미국 탄저균 사건'으로 불립니다.

2001년 9월 18일 자 소인이 찍힌 탄저균이 든 봉투가 미국의 텔레비전 방송국 세 곳과 출판사 두 곳에 우송되었습니다. 탄저균에 의한 증상이 처음으로 나타난 때는 2001년 9월 27일이었습니다. 한편, 같은 해 10월 9일자의 소인이 찍힌 탄저균이 든 봉투가 상원 의원 두 사람에게 우송되었습니다. 이 사건으로 편지에 접촉한 사람 약 스물 두 명이 감염 증상을 보였으며, 5명이 폐에 탄저병이 생기는 폐탄저를 일으켜서 사망하였습니다.

1994년 6월 27일에는 마츠모토 사린 사건(경찰청에서의 정식 명칭은 '마츠모토 시내에서 발생한 독물 사용, 다수 살인 사건')이 발생했습니니다. 또 1995년 3월 20일에는 지하철 사린 사건(경찰청에서의 정식 명칭은 '지하철역 구내 독물 사용, 다수 살인 사건')이라고 불리는 사건이 일어났습니다. 두 건 모두 화학 무기 사린을 사용한 전대미문의 사건으로 옴 진리교가 일으켰습니다.

사린은 앞에서도 설명했듯이 화학 무기이며 농약 연구 중에 개발된 화합물입니다. 전자의 사건에서는 8명, 후자의 사건에서는 13명이 소중한 목숨을 잃었습니다. 그뿐 아닙니다. 전자의 사건에서 660명, 후자의 사건에서 약 6,000명이나 되는 중경상자도 나왔습니다. 이 중에는 평생 심한 장애를 입게 된 사람과 비록 크게 다치진 않았어도 외상 후 스트레스 장애PTSD로 인하여 전철을 타거나 외출조차 힘든, 일상생활에서 어려움을 겪는 사람도 많습니다. 지하철 사린 사건은 처음으로 대도시의 중심부에서 화학 무기로 개발된 사린이 테러에 이용되었다는 점에서 독의 역사에 기록될 사건입니다.

제7장

마약과 관련 물질

마약과 각성제는 직접 죽음에 이르게 하는 독성을 갖고 있지는 않습니다. 하지만, 사용자의 정신을 병들게 하는 성질이 있으므로 독에 포함해도 된다고 생각합니다.

마약이나 각성제, 대마라는 말에는 좋지 않은 이미지가 있지만 실은 이름에는 나쁜 의미가 없습니다. 마약의 어원은 단순히 '마취성과 습관성이 있는 약물'이며, 각성제는 '졸음을 억제하고 정신을 각성시키는 약물'입니다. 또 대마라는 말도 '마'라는 식물을 '황마'나 '호마' 등과 구별하는 데 쓰는 말이며, 섬유의 마와 같은 의미에 불과합니다.

이 약물들은 생명을 위협하는 직접적인 영향은 적지만, 뇌 안의 신경 전달 물질이 아닌 외부에서 들어온 약물에 의해 통제를 당하게 된다는 점이 다릅니다. 약물의 지배를 받게 되는, 말하자면 약물에 영혼을 맡기는 것과 같습니다. 또한 잘못 사용하면 사회의 '독'이 될 수도 있습니다. 참고로 마약과 각성제, 대마 등을 통틀어서 '마약'이라고 부르기도 합니다.

마약은 존재 자체만으로는 마약이 아니며 단순한 '물질'입니다. 사람이 관여했을 때 비로소 그 '물질'이 마약이 됩니다. 하지만 어떤 생물 활성 물질이 사람과의 관계에 따라서 때로는 '독'이 되기도 하고 '약'이 되는 것과 다르게, '마약'이라고 지정된 것은 이미 법률적으로 붙여진 표시입니다. 즉, 모르핀은 양이나 사용 방법과 관계없이 마약입니다. 마약이라는 말은 처음에는 실제적인 작용에 따라 이름 붙여졌지만, 현실에서는 법률적인 의미로 사용됩니다. 이처럼 '독'이나 '약'과는 다르다는 점도 염두에 두시기 바랍니다.

그렇다면 도핑doping은 어떻게 생각하면 좋을까요? 이번 7장에서는 마약 및 관련 규제 약물 사용에 대해서 다룰 텐데, 도핑 약물에 관해서도 이야기하려고 합니다. 도핑도 몸과 정신을 약물로 변화시키려는 생각으로 사용한다면 이번 장에서 다루어도 큰 문제가 없을 것 같습니다. 도핑에 따라서 몸 상태가 나빠지거나 사망에 이르는 예도 있기 때문입니다. 사용한 본인은 죽을 수도 있다는 생각은 하지 않았겠지만, 결과적으로 독을 가까이하여 죽음에 이른 것과 유사한 사례도 있습니다. 따라서 도핑 이야기도 함께 해보겠습니다.

마약이란 무엇인가?

‘마약’이라는 말이 생긴 것은 그렇게 오래되지 않았습니다. 일본에서는 1930년에 ‘내무성령 마약 취급 규칙 제정’ 때 결정되었습니다. 그때 ‘마약’이란 이름 외의 후보로서 ‘위험 식품’, ‘마취약’, ‘아편유사제’ 등의 말도 있었습니다(구마 가쿠야久万楽也, 『마약 이야기麻薬物語』, 235쪽).

마약이란 무엇인가를 설명하기는 상당히 어렵습니다. 마약에 대해서 맨 처음 내려진 정의는 ‘미량으로 마취·진통 작용을 하며 탐닉성이 나타난다. 사용을 중지하면 심한 금단 증상이 일어나므로 남용에 주의해야 하는 약물’이라는 것이었습니다. 이때 이러한 성질을 갖는 약물을 통틀어서 ‘마약’이라고 했는데, 실제로는 마취와 진통 작용과는 전혀 관계가 없는 LSD나 MDMA, 메스칼린도 현재는 마약으로 취급하고 있습니다.

그리고 마약이나 각성제, 대마라는 구별은 법률적인 것으로서 과학적인 근거는 없다고 생각해도 무방합니다. 이들은 법률적으로 복잡하게 얽혀 있는데, 복잡한 사정에 대해서는 졸저 『마약의 모든 것麻薬のすべて』을 참고하시기 바랍니다. 간단히 말하면 ‘어떤 향정신 작용이 있으며 사회 문제를 일으킬 가능성이 있는 약물’로 이해하시면 좋겠습니다. 영어권에서는 이들을 모두 ‘drug’라고 말하기도 합니다. 이렇게 정의를 내리면 술도 마약의 범주에 들어가지

않나? 라는 생각도 들지만, 우선은 이렇게 정리해서 이해하시면 좋겠습니다. 오늘날 문제가 되는 약물은 헤로인, 코카인, 각성제, LSD, 대마, PCP 등입니다. 정신적 육체적 의존성의 정도와 내성(점점 그 약물을 원하는 양이 증가해 감)을 아래 표로 나타냈습니다.

주요 마약 및 관련 약물의 성질

	신체적 의존성	정신적 의존성	내성 획득성
모르핀류	+++	+++	+++
코카인	-	+++	+
LSD	-	+	+
각성제	-	+++	+
대마	-	+	-
바르비탈류	++	++	++
시너류	+?	+	+?
알코올	++	++	++
니코틴	±	++	++

모르핀류에는 아편이나 헤로인을 포함. 이시고오카 쥰石郷岡純(1998) 등을 참고로 작성.

일본의 현행법에서는 이러한 약물에 대해서 주로 '마약 및 향정신약 단속법', '아편법', '각성제 단속법', '대마 단속법' 및 '국제적인 협력 아래 규제 약물과 관련한 부정행위 조장 등의 방지를 위하여 마약 및 향정신약 단속법의 특례에 관한 법률'의 다섯 가지 법률(약물 5법)로 단속하고 있습니다. 마지막에 예로 들은 법률의 명칭은 너무 길어서 마약 특례법으로 줄여서 부르는 경우가 많습니다. 또한 '마약 특례법'을 제외하고 약물 4법으로 부르기도 합니다.

'마약 특례법'은 1991년에 공포되었으며 1992년 7월부터 시행되었습니다. 몰래 감시하다가 전체를 조사하는 수사 방식controlled delivery 및 금융 기관 등에 의한 의심 거래 신고, 불법 수익의 몰수·추징 등이 규정되었습니다. 이 법률이 시행되면서 마약 단속관이 새로운 수사 수단을 얻었으며, 폭력단 등 조직적인 약물 밀매에 중벌을 내릴 수 있게 되었고, 또한 약물 범죄로 얻어진 수익에 대해 몰수나 추징을 할 수 있게 되었습니다(우라야마 다카오浦山隆雄, 『Pharmacia』, 1183쪽).

약물 4법에 의한 범죄는 살인과 강도, 상해 등의 형법범과는 별도로 도로교통법 위반이나 입국 관리법 위반, 총포·도검류법 위반, 공직선거법 위반 등과 함께 특별법범으로 분류됩니다.

2008년의 데이터에 의하면 특별법범 중에서 압도적으로 많은 것이 도로교통법 위반으로 80퍼센트를 차지하며, 다음으로 많은 것이 약 3퍼센트를 차지하는 각성제 단속법 위반입니다.

아편과 아편전쟁, 모르핀, 헤로인

양귀비는 크고 아름다운 꽃이 피고 나서 꽃잎이 떨어지면 열매가 커집니다. 열매 표면에 살짝 상처를 내었을 때 배어 나오는 유액을 모아서 굳힌 것이 아편입니다.

아편이 중국에 처음으로 전해진 것은 13세기 초반입니다. 그 후 한동안 이용이 중단되었다가, 16세기 들어서면서 다시 이용하게 되었는데 주로 설사 치료에 쓰였기 때문에 사용량은 많지 않았습니다. 그런데 청나라 시대의 18세기 후반~19세기 전반에 걸쳐서

양귀비. 양귀비과. 원예용의 개양귀비 등과 구분하기 위하여 '아편 양귀비' 라고 한다. 상단 세 번째 사진은 작은 크기의 나도양귀비*Papaver setigerum*로, 아이치현의 아츠미渥美 반도에서 일본으로의 귀화가 확인되었다. 아름다운 꽃이 지면 양귀비 봉오리로 불리는 열매가 생기는데 표면에 상처를 냈을 때 나오는 유액을 모아 굳힌 것이 '아편'이다. 일본에서는 원칙적으로 재배가 금지되어 있으며 재배하기 위해서는 당국의 허가가 필요하다.

중국은 영국으로부터 인도산 아편을 수입하게 되었으며 아편 이용자가 중국 전역으로 확산하였습니다.

19세기 청나라는 광저우에 한하여 유럽 및 미국과 무역을 하였으며 영국은 그곳에서 홍차의 찻잎, 도자기, 견직물 등을 대량으로 수입하였습니다.

하지만 중국에 수출할 물건이 없어서 무역 적자가 늘어나기만 했고, 귀중한 은이 중국으로 흘러들어갔습니다. 그래서 영국은 당시 인도에서 양귀비 재배와 아편 제조에 성공하였기 때문에, 식민지 인도에서 제조한 아편을 청나라에 수출했습니다.

인도의 벵골 정부는 재정난이 심각하여 아편으로 얻는 수입은 생명줄과 같았습니다. 한편 영국은 인도에서 면화를 수입하여 면직물을 수출하였습니다. 여기에 '삼각 무역'이 성립합니다. 결국 청나라는 찻잎 등의 수출만으로는 아편의 대가를 치를 수 없어 보유하고 있는 은을 대량으로 넘겨야 했습니다. 또 아편이 만연하면서 청나라는 피폐해져 갔습니다.

청나라의 관리인 임칙서林則徐(1785~1850)는 많은 중국인이 아편 중독에 빠진 것을 개탄하여 영국 상인으로부터 아편 1,425톤을 몰수하여 처분하였습니다.

그 보복으로 영국이 중국을 침략한 것이 제1차 아편전쟁(1840~1842)의 시작이었습니다. 1841년 1월에는 광둥廣東 공격도 시작되었습니다. 1997년에 중국에 반환된 홍콩은 중국의 아편전쟁

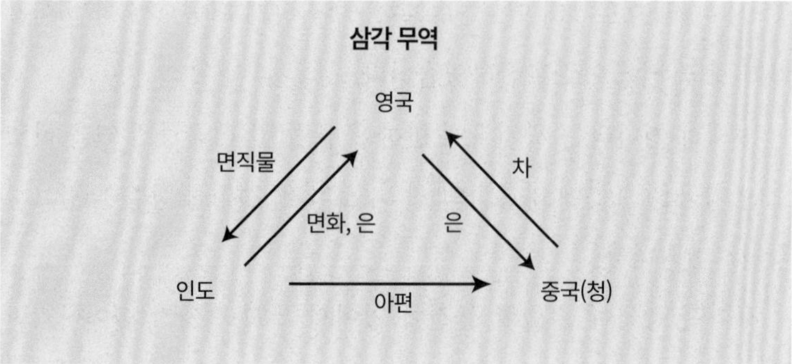

패배로 인한 난징南京 조약(1842년 8월 29일)의 결과, 영국이 할양받은 것입니다.

그 후 홍콩은 아편 밀무역의 거점이 되었고, 인도에서의 아편 생산량도 계속 증가했습니다. 영국은 중국이 아편 수입을 인정하도록 계속 설득했습니다. 밀무역이 더욱 기승을 부리자 청나라 관리가 영국 국적의 배 애로호Arrow에 있던 중국인을 해적 혐의로 체포한 사건이 일어났는데, 이것을 빌미로 영국은 프랑스와 연합하여 제2차 아편전쟁(1856~1860)을 일으켰습니다. 청나라는 어쩔 수 없이 후퇴를 거듭하여 58년에 톈진天津 조약, 60년에 베이징 조약을 맺고 전쟁이 끝이 났습니다. 그 결과 영국은 중국에 당당하게 아편을 팔 수 있게 되었습니다. 영국은 중국을 상대로 아편 무역에 성공한 것입니다.

중국은 다시 아편에 오염되었습니다. 영국 다음으로 아편을 들여온 나라는 일본입니다. 구 일본 제국은 1932년 중국의 동북지역에 만주국을 건설하고, 1937년 7월 7일 루거우차오蘆溝橋사건을 계기로 발발한 중일전쟁을 치르는데 필요한 군비 조달을 위해 중국에 아편을 가져온 것입니다. 결국, 이후 1941년 12월 8일에 태평양전쟁으로 발전합니다.

일본은 이미 1931년 만주사변 때 만주와 화베이華北를 주 무대로 중국 전역에 아편과 헤로인을 퍼뜨렸습니다(에구치 케이치江口圭一, 『일중 아편전쟁日中アヘン戦争』, 55쪽). 관동군은 만주에서 극비로 양귀비를 재배하고 아편 생산도 했다고 합니다.

만주국 황제 푸이溥儀(1906~1967)의 황후 완룽婉容(1906~1946)은 심한 아편 중독에 빠져버리고 말았습니다. 푸이의 남동생 푸제(1907~1994)와 결혼한 일본의 사가 가문 출신인 아이신가쿠라 히로愛新覚羅浩(본명은 사가 히로嵯峨浩, 1914~1987)의 자서전에 의하면, 1946년 4월 히로와 함께 유치장에 들어간 완룽은 아편 공급을 못 받게 되고, 그로 인해서 금단 증상이 나타났다고 전했습니다. “황후는 온종일 미친 듯이 소리치고 신음하면서 마루를 뒹굴기도 하고 눈을 부릅뜨고 고통스러워했습니다.”(아이신가쿠라 히로愛新覚羅浩, 『유전의 왕비 쇼와사流転の王妃の昭和史』, 165쪽)

당시 일본은 아편을 중국에 들여가서 막대한 이익을 취했으며, 그 이익은 관동군의 중국 침략 자금으로 사용했습니다. 그래서 중일전쟁을 ‘중일 아편전쟁’ 혹은 ‘20세기의 아편전쟁’이라고 부르는 사람도 있습니다.

자주 '독으로 독을 이긴다'는 말을 합니다. 이 말의 어원은 만주에서의 아편에서 비롯되었다고 합니다. 정확히 말하면 일본의 아편 정책입니다. 1930년대 말에는 중국인의 10퍼센트(약 4,000만 명)가 아편 상용자였다고 추정합니다. 그리고 중국이 아편을 국내에서 생산하고 수입한 것은 1949년, 4년간의 극심한 내전 끝에 국민당군이 공산당군에게 패배할 때까지 계속되었습니다. 1950년 2월, 공산당 정부는 양귀비 재배와 아편, 그 밖의 모든 마약의 생산과 수입, 판매를 금지했습니다. 그리고 1960년에 중국은 상용화된 아편에서 겨우 해방될 수 있었습니다.

아편을 정제하여 얻어진 주성분이 모르핀입니다. 1805년 독일의 프리드리히 제르튀르너Friedrich Wilhelm Adam Sertürner(1783~1841)가 아편에서 모르핀을 정제하는 데 성공했습니다.

19세기 중반에 주사기가 발명되자, 크림전쟁과 미국의 남북전

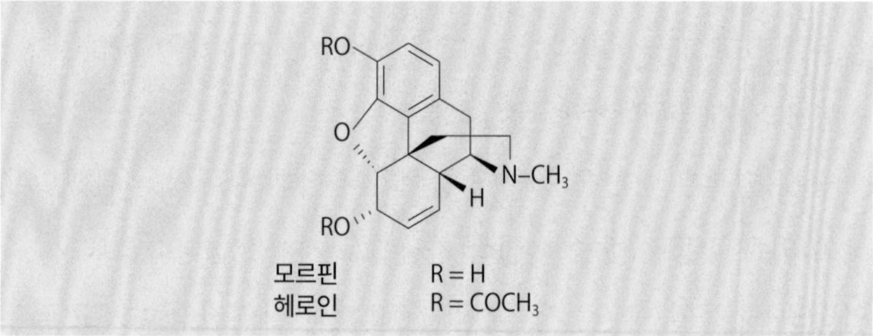

쟁, 프로이센과 프랑스의 전쟁(보불전쟁) 등에서 외과 치료를 담당하던 의사들이 모르핀 주사를 남용하였습니다. 그 결과 부상자들 중에서 모르핀 의존자가 많이 나왔고, 모르핀 의존증을 '군대병'이라고 부르기도 했습니다.

모르핀의 화학 변환(아세틸화)으로 얻어진 것이 헤로인입니다. 헤로인은 모르핀보다 훨씬 쉽게 '혈액 뇌 관문'을 지나서 뇌에 도달하므로, 정신적·신체적 의존성이 상당히 높은 마약입니다. 일본에서는 심각성이 덜하지만, 국제적으로 헤로인은 큰 사회 문제가 되는 마약입니다.

코카인—'무력감'의 공포

1991년 당시 일본에서 유명한 배우였던 가츠 신타로勝新太郎(1931~1997)는 여행지 하와이에서 코카인을 속옷 속에 숨겨서 들어오다가 체포당했습니다. 1993년에는 당시 대기업 출판사인 가도가와서점의 사장이었던 가도가와 하루키角川春樹(1942~)가 코카인 밀수와 사용으로 체포, 기소를 당하여 징역 4년의 실형 판결을 받은 사건이 있었습니다. 아마 기억하는 분도 계실 것입니다.

2010년 9월에는 샤넬즈(이후 랫츠 & 스타)의 멤버 중 한 사람으로 활약했던 다시로 마사시(1956~)가 요코하마시의 주차장에서 비

코카나무. 코카나뭇과. 상단은 코카나무밭, 하단은 볼리비아의 광산 노동자가 코카잎을 손에 들고 있는 사진이다. 접시에 담긴 막대 모양은 레히아라는 식물의 재를 물에 개어 굳힌 것으로, 코카잎과 함께 입에 넣고 씹는다고 한다. (사진 제공:볼리비아 거주·고바야시 우고)

닐봉지에 든 코카인을 가지고 있다가 체포되었습니다. 차에 같이 타고 있던 여성도 각성제 소지로 체포되었습니다. 그리고 2019년 3월에는 뮤지션 겸 배우로 활약하는 피에르 다키(1967~)가 코카인 투약으로 체포되었습니다.

코카인은 코카나무 잎에서 얻어지는 알칼로이드입니다. 남미의 볼리비아에서는 지금도 코카나무가 합법적으로 재배되며, 또 코카잎이 합법적으로 매매되고 있습니다. 현지에서는 피로 회복과 고산병 등에 잘 듣는 약으로 코카잎을 그대로 먹거나 차로 마시거나 하는 일이 관습적으로 행해지고 있습니다. 코카잎은 마트에서도 흔히 판매하며 코카잎 차는 일반 호텔에서도 제공합니다.

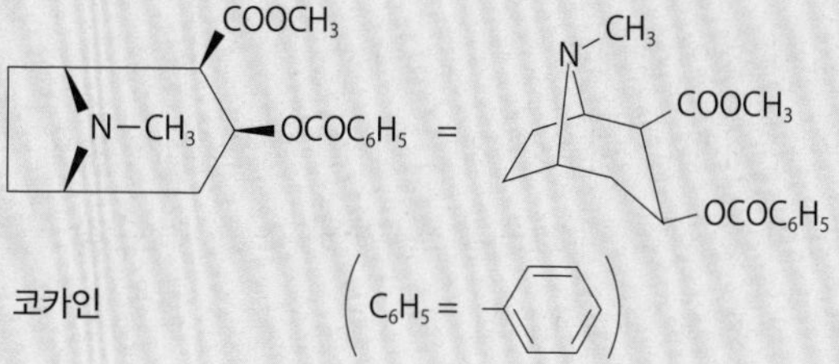

코카인

코카나무의 코카잎이 현지에서 사용되는 것은 문제가 없었던 모양입니다. 하지만 코카잎에서 주성분인 알칼로이드의 코카인이 순도 높게 추출되어, 한 번에 대량으로 복용하게 되면서 많은 문제가 발생했다고 합니다. 코카인은 예부터 대표적인 마약의 하나인데, 작용에 있어서 코카인과 아편 알칼로이드계의 마약과의 공통점은 적습니다. 오히려 코카인은 각성제와 매우 비슷합니다. 코카인의 신체적 의존성은 낮거나 없다고 하지만, 각성제와 마찬가지로 정신적 의존성은 매우 높아서 한 번 경험하면 빠져나오기 어렵다고 합니다. 즉, 한순간에 코카인 의존이라는 지옥에 떨어지게 되는 겁니다. 또 내성이 생겨서 섭취량을 점점 늘려나가지 않으면 안 되는 성질도 있습니다.

코카인을 다른 말로 코크Coke, 크랙Crack, 록Rock이라고 합니다. 크랙 혹은 록은 코카인 염산염에 물과 베이킹 소다(탄산수소 나트륨)를 첨가하여 가열한 후에 생기는 기름 상태의 코카인 유리 염기(염산염이 되지 않은 것)가 식어서 고체가 된 것을 말합니다. 이것을 파이프에 채워서 흡연합니다.

코카인은 주사보다 다음과 같은 흡인 방법을 사용합니다. 즉 코카인 염산염의 결정을 매끄러운 평면에 놓고 면도칼 등으로 잘게 부숴 미세한 가루를 만든 다음, 이것을 길게 늘어놓고 빨대나 둥글게 만 지폐 등을 이용하여 코로 흡인합니다. 이런 모습을 영화에서 본 분들도 많을 겁니다.

코카인은 몸속에서 빠르게 분해되며 15~30분 정도 후에 최고조에 이릅니다. 코카인을 복용하면 가장 먼저 강한 흥분 상태가 되고 이후에 깊은 우울 상태에 빠집니다. 그래서 또 코카인을 원하게 되므로 의존성이 생기기 쉽습니다. 코카인에는 각성제와 같은 고양 작용이 있지만, 코카인은 다행감(정상보다 어떠한 상황이나 자극에 대해 과다하게 느끼는 행복감. 마약 등의 복용으로 흔히 유발된다-역주)을 주는 더욱 강력한 작용을 합니다. 그 반대 작용으로 약물이 떨어지면 우울감이 깊어지고 무력감을 느낍니다.

또 코로 흡인하는 방법을 지속적으로 하다 보면 조직 괴사 및 비중격(좌우 비강을 나누는 벽)에 구멍이 뚫릴 수 있습니다. 비중격에 뚫린 구멍이 작을 때는 호흡을 할 때 '휘-휘'하는 소리가 난다고 합니다.

페루의 인디오들은 마른 코카잎을 씹는데, 그 양은 코카인에 환산하면 하루에 약 45밀리그램 정도라고 합니다. 코카인 상용자가 보통 1회 사용하는 양이 15~30밀리그램인데, 하루에 몇 차례 반복하기 때문에 그 양은 꽤 될 겁니다. 코카인의 치사량은 여러 주장이 있지만 약 1,200밀리그램 정도라고 합니다. 하지만 100~300밀리그램으로 사망한 사례도 있습니다.

코카인의 만성 중독 증상은 모르핀과 비슷합니다. 소화관 장애, 불면, 환각, 정신 장애 등인데 모르핀보다 힘 빠짐, 쇠약, 살 빠짐, 허탈 등의 신체적 소모가 심합니다. 또 코카인은 환각증이 나타난다는 점에서 모르핀과 다릅니다. 벌레들이 보이는 환각, 벌레가 몸을 기어 다니는 듯한 체감적 환각이 생기고, 불안감 및 심해지면 피해망상이나 추적 망상이 생기기도 합니다. 모르핀처럼 최면 상태에 빠지지 않고 흥분하여 난폭해지므로 위험합니다.

LSD는 어떤 환각이 나타날까?

1960년대 초반에 LSD의 환각증에 대해서 처음으로 연구한 사람은 전직 하버드대학 교수였던 티모시 리어리Timothy F. Leary입니다. 그는 LSD에 의한 인격 변용에 관한 연구를 대학 안에서 진행하여 물의를 빚었습니다. 그 후 얼마 안 있어 대학을 떠났지만, 퇴직 후의 1963년에 하버드대학으로부터 해고 통지를 받습니다. 이러한 조치는 이미 퇴직하여 사이키델릭psychedelic 체험 전도사가

에르고타민과 LSD의 화학 구조의 유사점

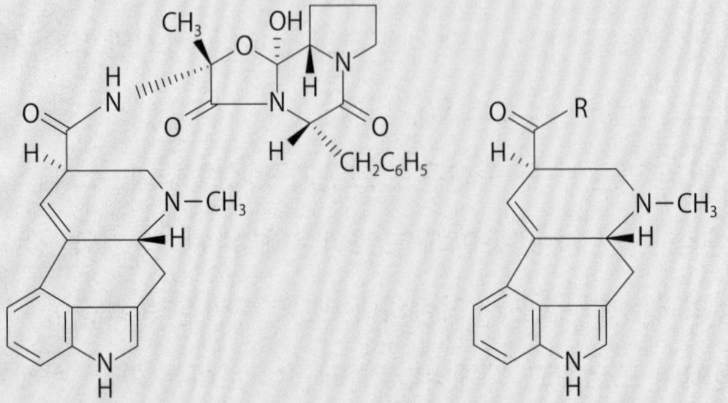

에르고타민

리세르그산 R = OH

LSD R = N(CH$_2$CH$_3$)$_2$

된 리어리의 신뢰를 떨어뜨리기 위해서라고 전해집니다.

LSD는 벼과 식물의 이삭에 기생하는 자낭균류의 맥각 알칼로이드의 기본 골격인 리세르그산에 화학 변환을 가하여 생성한 화합물입니다. 개발자는 알베르트 호프만이었습니다(93쪽).

LSD는 1943년에 탄생했기 때문에 꽤 새롭게 등장한 약물이지만, 1960년대 말에는 유럽과 미국을 중심으로 폭발적으로 퍼집니다. LSD는 대마와 더불어 소위 히피 운동을 만들어 냈고 음악이나 문학, 그림, 패션 등에 막대한 영향을 끼쳤습니다. 환각제로 인한 환각 상태와 비슷한 상태를 '사이키델릭'이라고 하는데, 1960년대~1970년대는 그야말로 사이키델릭의 전성시대였으며 사이키델릭

LSD와 세로토닌의 화학 구조의 유사점

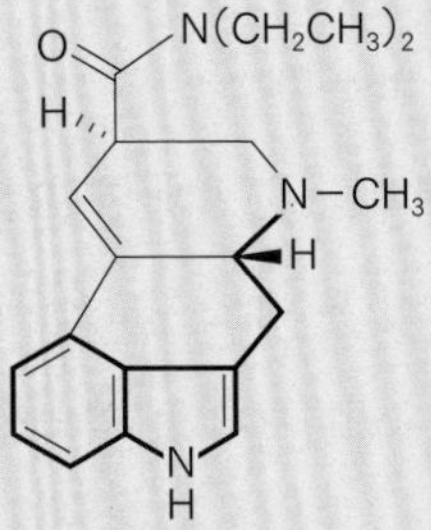

LSD

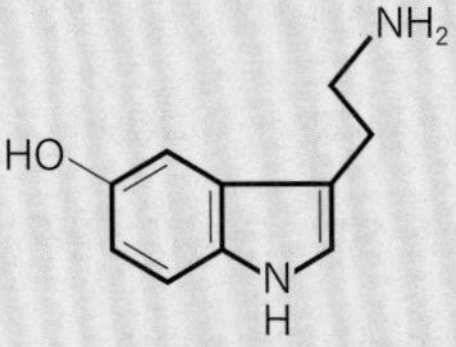

세로토닌(5-HT)

아트나 디자인, 옷차림 등이 크게 유행했습니다. 이러한 움직임은 베트남 전쟁을 반대하는 반전 운동, 동양 철학, 정신세계, 환경 문제 등에까지 관심이 이어졌습니다. 사이키델릭이라는 말은 '영혼을 보다'라는 의미이며 말 자체에 나쁜 의미는 없습니다.

일본에서는 1970년에야 LSD를 마약으로 지정했습니다. 마약으로 지정되기 이전에 독에 관한 민속학적인 연구를 하던 이시가와 모토스케(1913~1981)는 자주 다니던 찻집에서 직접 LSD를 복용한 후 경과를 기록하여 문장으로 남겼습니다(이시가와 모토스케石川元助, 『독약毒薬』, 207쪽). 기술에는 약간의 허구도 포함되어 있다고 하지만, LSD 복용 경험자에 의한 구체적인 환각 상태를 알 수 있는 귀중한 기록이기에 그 일부를 소개하려고 합니다.

나는 잠깐 주위를 둘러보고 나서 안쪽 주머니 속에 깊숙이 넣어둔 작은 앰풀 한 병을 꺼냈다. (중략) 희미한 전등 빛으로 라벨을 보니 「Delysid. 1ml. Contains 0.1mg (Delysid 1ml/0.1mg=100㎍의 LSD함유-후나야마 주)」 라고 적혀 있었다. (중략) 병 안의 액체를 한 번에 마셨다. 시계를 보니 오후 3시를 조금 지나고 있었다. 삼십 분 정도 지났을 무렵 눈이 촉촉해지는 것을 느꼈다. (중략) 천장을 올려다보니 늘 익숙하게 봐왔던 격자 천장이 천연색으로 보였다.

색은 자주색으로 보였다가 노란색으로 보였다가 분홍색으로 보였다가 했다. 마치 무대의 조명처럼 흘러갔다. (중략) 커피 숫가락이 갑자기 거대한 애벌레처럼 보였다. 창가를 보니 분홍색의 큰 원숭이가 달려들려고 하는 게 아닌가? 나도 모르게 소리를 질렀다. 주위의 시선이 느껴진다. (중략) 풍만하고 농염한 자태의 클레오파트라가 다가온다. 시간과 공간이 단절되고 서로 뒤엉켜 있다. 나를 바라보는 남자의 얼굴이 가면처럼 굳어 있고 기분 나쁜 빛을 띠는데, 그의 두 눈이 멀어지더니 외눈이 되었다. 보고 있는 사이에 코가 갑자기 늘어나 방망이 코로 변했다. 어찌 된 일인가? 옆에 앉은 젊은 여성은 입술만 있고 얼굴이 없다. (중략) 사람들의 말소리가 마치 음악처럼 리듬과 선율을 타며 들렸다 안 들렸다 한다. (중략) 아! 내 한쪽 팔이 없어졌다. (중략) 어! 이번에는 다리가 이상하다. 전혀 자각 증상이 없다. 그런데도 다리가 점점 길게 늘어난다. (중략) 불안이 엄습한다. (중략) "손님! 손님! 가게 문 닫을 시간이에요." 누군가가 나를 흔들었다. (중략) 손목시계는 밤 11시를 가리켰다.

LSD는 극소량만 복용해도 환각을 일으키기 때문에 현재는 종이에 스미게 하여 암거래된다고 합니다. 가령 예전의 채변 봉투 정도의 크기라면 그 양은 300명 이상에게 작용을 일으킬 수 있다고 합니다.

극히 적은 양의 LSD로 인공 낙원을 경험하게 된다지만 LSD는 환각제입니다. 환각제는 일시적인 정신 장애를 일으키는 약물입니다. 그리고 인공 낙원이라고 하지만, 반대로 인공 지옥과 같은 상황도 보게 합니다.

LSD가 색채와 음에 대해 특이한 감각 이상을 일으키는 성질이 예술가들에게 인기가 있었던 시기가 있었습니다. 하지만 인공적인 것에 불과하며 자신에게서 나온 예술이 아닌 것만은 확실합니다. 또한, LSD의 작용은 화학 구조 일부가 뇌 안의 전달 물질인 세로토닌과 비슷하기 때문이라는 주장도 있지만, 자세한 사실은 아직 밝혀지지 않았습니다.

메스칼린—멕시코 종교 의식에서 사용

옴 진리교는 1990년대에 메스칼린을 화학 합성하여 신자들의 마인드 컨트롤에 사용했다고 합니다. 그리고 실제로 메스칼린 3킬로그램이 교단 시설 내에서 압수되었습니다. 메스칼린은 비교적 화학 구조가 단순한 알칼로이드이며, 1919년에 이미 화학 합성되었습니다.

메스칼린은 일본의 원예 애호가들 사이에서는 ‘오우옥烏羽玉’이라고 불립니다. 멕시코에서 미국 남부에 걸쳐서 자생하는 선인장 페요테Peyote에서 얻어지는 알칼로이드입니다.

이 선인장은 원래 멕시코의 선주민이 종교 의식 때 사용하던 것이었습니다. 메스칼린에는 환각 작용이 있다고 알려져 있으며, 반응을 일으키려면 중독이 될 정도의 양을 복용하지 않으면 안 된다고 합니다. 또 메스꺼움 등 불쾌감이 심해서 쉽게 복용하기가 어렵다고 합니다. 메스칼린은 마약으로 ‘마약 및 향정신약 단속법’으로 규제하고 있습니다.

메스칼린의 생합성 추정 경로

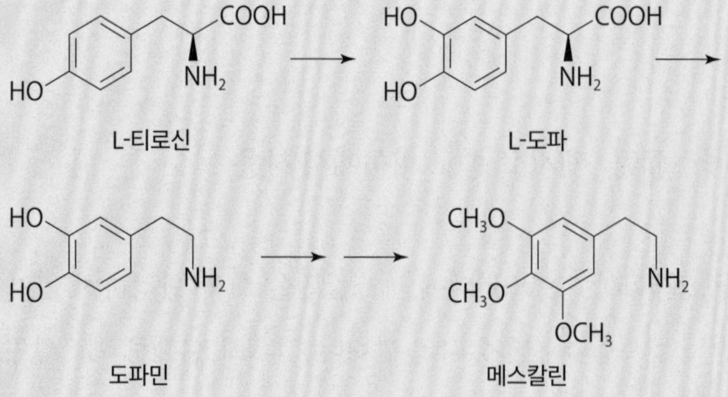

메스칼린은 L-티로신을 기원으로 하고, L-도파L-DOPA를 전구체로 하여 생합성됩니다. 메스칼린 생합성의 전구물질에서도 유추할 수 있듯이 메스칼린은 우리 체내에 존재하는 도파민이나 아드레날린, 노르아드레날린 등의 신경 전달 물질 혹은 생체 아민이라 불리는 한 무리의 알칼로이드류와 그 화학 구조가 비슷합니다. 또한, 파킨슨병의 운동 증상은 뇌 안의 도파민 감소로 발생한다고 알려져 있습니다.

각성제는 마황의 연구 과정에서 만들어졌다

1981년 6월 17일 대낮에 도쿄 고토구 상점가 큰길에서, 트럭 운전사였던 남성이 주부와 어린이들을 차례로 칼로 찔러 어린이 한 명, 유아 한 명을 포함한 네 명이 사망하고, 두 명이 중상을 입은 사건이 발생했습니다.

범인은 범행 후 중화 요리점에서 인질극을 벌였습니다. 하지만 오후 6시 50분쯤, 범인이 한눈을 판 사이에 인질로 잡혀 있던 여성이 도망쳐 나왔고, 그 틈을 타서 경찰은 범인을 체포할 수 있었습니다. 범인은 각성제 상용자였으며 과학 수사 연구소의 소변 검사를 통해서 사건 발생 며칠 전에도 각성제를 사용한 것으로 확인되었습니다.

이 사건은 '후카가와深川 묻지마 살인 사건'이라고 불립니다. 당시는 각성제의 제2차 남용 시기였습니다. 1982년 12월 23일에 도쿄 지방재판소에서 열린 판결 공판에서 재판장은 '범행 당시, 각성제 중독에 의한 심신 미약 상태였다'라고 했지만 형사 책임은 물을 수 있다고 보고 무기 징역 판결을 내렸습니다. 이에 대해 피고 측이 항소하지 않아서 형이 확정되었습니다.

한편, 1993년 8월 23일 밤, 하카다 출발 도쿄행 신칸센의 '노조미 24호'가 시즈오카현 가케가와시를 달리던 중, 기차 안에서 당시 27세의 남성이 오사카 출장에서 돌아오던 40세의 회사원 남성을 30센티미터 길이의 흉기로 살해하는 사건이 발생했습니다. 범인은 각성제를 복용하고 있었으며 살인죄 등으로 기소되어 1995년 7월 27일, 후쿠오카 지방재판소 누마즈沼津 지부에서 징역 15년(구형 징역 20년)의 판결이 내려졌습니다.

2009년 여름에는 과거 한 시대를 풍미하던 가수 겸 배우인 사카이 노리코酒井法子가 남편과 함께 각성제 사용으로 체포·기소되어, 징역 1년 6개월, 집행 유예 3년의 판결을 받았습니다(남편은 징역 2년, 집행 유예 4년).

각성제 사범으로 체포된 적이 있는 유명 연예인은 또 있습니다. 2010년 8월 18일, 가수 시미즈 켄타로清水健太郎가 '각성제 단속법 위반'(투약) 혐의로 체포되어, 같은 해 11월 16일, 징역 1년 10개월(구형 징역 2년 6개월)의 실형 판결을 받았습니다. 변호사와 검찰 모두 항소를 하지 않고 형이 확정되었습니다. 그는 각성제 이전에 이미 약물 관련 혐의로 네 차례나 체포된 경험이 있었습니다. 1983년(대마/기소 유예), 1986년(대마/징역 1년, 집행 유예 4년), 1994년(대마와 각성제/징역 1년 6개월 실형), 2004년(각성제/징역 2년 4개월 실형).

일본은 표면상으로는 '각성제 단속법' 위반에 의한 검거자가 감소하고 있습니다. 하지만 실제로는 인터넷이나 휴대 전화가 보급되면서 각성제 거래가 표면에 나타나지 않기 때문일지도 모릅니다. 또 교도소에 수감된 여성 중에서 각성제와 관련한 범죄가 48퍼센트에 이른다(도야마 히토미外山ひとみ, 『일본의 교도소』, 144쪽)는 점에서 주의를 기울일 필요가 있습니다. 각성제를 경험한 사람 중에는 '스스로 끊는 것은 무리'라고 말하는 사람도 있습니다. 현재 일본의 '각성제 단속법'으로 규제받는 약물은 메스암페타민(필로폰)과 암페타민의 두 종류가 있으며, 암페타민은 메스암페타민의 *N*-메틸 부위의 메틸기가 수소로 바뀐 화합물입니다.

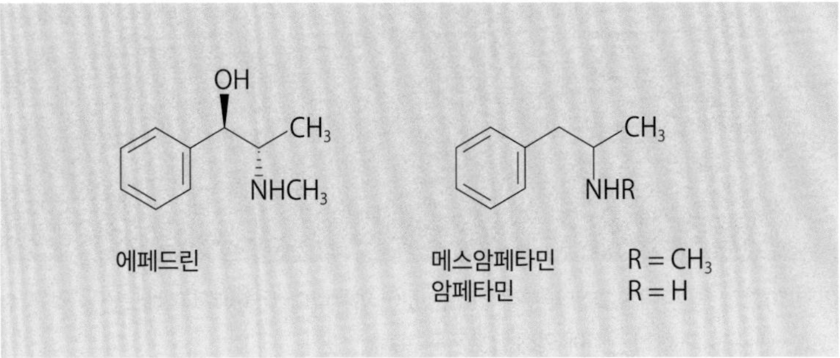

각성제도 헤로인이나 LSD와 마찬가지로 자연에서 얻어진 알칼로이드류에 화학적 변화를 가하여 만들어진 반합성 화합물입니다. 즉 각성제 중에서 처음으로 세상에 나온 메스암페타민은 한약 '마황'의 주성분인 에페드린ephedrine의 화학 유도체인 디옥시에페드린deoxyephedrin으로 19세기 말에 만들어졌습니다. 마황은 잘 알려진 한방약 '갈근탕'에도 배합된 생약입니다. 마황의 유효 성분인 에페드린의 화학 구조 연구는 일본 약학의 태동기에 이루어졌습니다.

그리고 각성제는 이 연구 과정에서 탄생했습니다. 하지만, 이 화합물이 각성제로 쓰이기 시작된 것은 제2차 세계대전 전후의 일입니다.

마황. 마황과. 땅 위에 노출된 부분을 건조한 것이 마황이다. 마황에서 에페드린을 얻을 수 있고, 에페드린의 화학 변화에 의해 필로폰을 만들 수 있다.

디옥시에페드린의 중추 흥분 작용은 1938년에 독일의 나치 정권 때 발견되었으며 일본에도 전해졌습니다. 이른바 디옥시에페드린이 각성제로 사용되기 시작한 겁니다. 디옥시에페드린은 졸음을 깨우고 기분을 고양시키는 약으로 선전되어, '필로폰'이라는 상품명으로 세상에 나왔습니다(118쪽). 참고로 필로폰의 어원은 항간에서 말하는 '피로를 펑! 날린다'라는 의미가 아니라, 그리스어 'philopons'로 '일하기를 좋아하다'라는 의미입니다. 그리고 이 시기는 제2차 세계대전이 시작되는 시기로, 정제된 필로폰은 '고양이 눈' 약이라고 불리며 야간에 근무하는 군인이나 야간 비행하는 조종사, 군수 산업에 종사하는 노동자에게도 지급되었습니다. 그뿐 아니라, 야간 군사 행동이나 특공대를 위한 '공격 약'이라는 녹차 가루에 필로폰을 섞은 정제도 있었으며, 특공대가 출정하기 전에는 필로폰이 든 앰풀이 지급되었다고 합니다.

이렇게 군사용으로 사용된 필로폰이 전쟁이 끝난 후, 민간에 대량으로 방출되면서 일본에서는 전후 필로폰이 폭발적으로 유행하게 됩니다. 당시 작가 중에는 필로폰의 힘을 빌려서 소설을 쓰는 이들도 많았습니다.

그 중에는 『타락론堕落論』을 쓴 사카구치 안고坂口安吾(1906~1955), 『부부 단팥죽夫婦善哉』으로 유명한 오다 사쿠노스케織田作之助(1913~1947)와 같은 무뢰파無頼派(전후 근대 기성 문학을 비판하며 작품 활동을 한 작가의 무리-역주)로 불리는 작가들도 있었습니다. 또, 『이시

카리 평야石狩平野』, 『검붉은 빛의 언덕茜いろの坂』 등의 많은 명작으로 이름이 알려진 후나야마 카오루船山馨(1914~1981)도 다자이 오사무太宰治(1909~1948)의 자살로 인해서 갑자기 『아사히 신문』의 연재 집필이 앞당겨진 위기를 넘기기 위해서 필로폰에 손을 댔다가, 끊는 데 고통스러웠다고 합니다(유이 료코由井りょう子,『노란 벌레 후나야마 카오루와 처·하루코의 생애黄色い虫 船山馨と妻·春子の生涯』).

필로폰을 여러 차례 사용하다 보면 점점 정신 장애와 비슷한 망상과 환각이 나타납니다. 또 난폭해지기도 합니다. 각성제는 오랫동안 약물을 끊는 데 성공했더라도 이후 소량이라도 약물을 복용하면 과거의 증상이 재현되는 증상이 나타납니다. 말하자면 모르핀이나 코카인 등에 나타나는 '내성'과는 반대의 '역내성 현상'이라고 할 수 있는 증상입니다. 이때는 이전의 피해적 정신 증상이 또렷하게 재연된다고 합니다. LSD나 대마 사용자에게 많이 나타나는 플래시백flashback 과 유사한 증상이라고 할 수 있습니다.

체내의 아드레날린이나 노르아드레날린은 필로폰과 화학 구조가 비슷합니다. 이들은 모두 교감 신경과 중추 신경의 흥분 작용을 합니다. 하지만 몸 바깥에서 들어온 아드레날린이나 노르아드레날린은 혈액 뇌 관문을 통과하지 못하여 뇌에 도달하지 못합니다. 때문에 외부에서 투여해도 중추 신경의 흥분 작용이 일어나지 않습니다. 이에 반해서 암페타민이나 메스암페타민은 혈액 뇌 관문을 쉽게 통과할 수 있습니다. 그리고 대뇌 피질뿐만 아니라 뇌간에도 작용합니다.

전쟁이 끝난 후 필로폰 중독이 사회 문제가 되면서 필로폰은 악명 높은 이름이 되었습니다. 그래서인지 현재는 필로폰이 아닌 'S', '스피드', '아이스' 등의 가벼운 이름으로 불립니다. 또, 주사 투여뿐만 아니라 경구 투여도 되고 있어서 경계심을 잃게 하는 원인이 되고 있습니다.

일본에서는 1951년에 '각성제 단속법'이 제정되었고, 1954년에는 5만 6,000명에 달하는 검거자가 나왔습니다. 그 후 급속히 감소하여 1970년 무렵에는 상당히 줄었지만 이내 다시 급상승하면서 1983년에는 검거자가 2만 5,000명에 달했습니다. 이후 완만한 증감 곡선을 보였고, 1998년 검거자는 1만 7,084명이었습니다.

세계적으로 규제하는 각종 약물 중에서 일본에서는 각성제, 특히 메스암페타민이 주로 사용되는 점은 특이합니다. 유럽에서 각성제인 암페타민은 가격이 싸서 '가난한 자의 코카인'이라고 불리

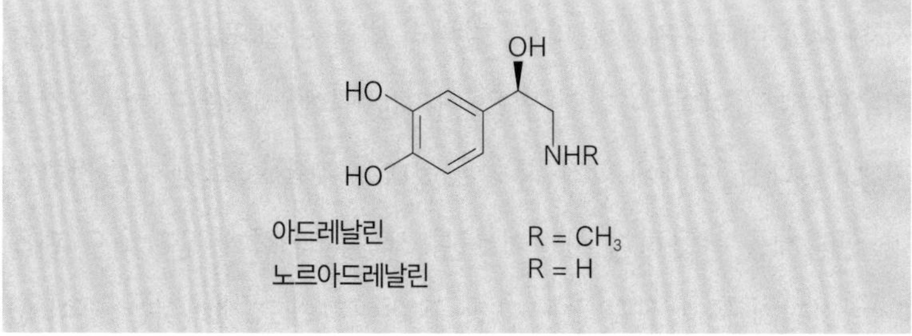

며, 젊은층의 남용이 사회 문제가 되고 있다고 합니다.

대마—대마 단속법에 의한 규제 대상

대마를 소지하다가 체포된 예는 헤아리기가 어려울 정도입니다. 2011년 4월 18일에도 국제 의료복지대학 미타三田 병원의 의사가 건조 대마 약 0.5그램을 몰래 소지하다가 체포되었습니다. 부인이 경찰에 신고했다고 합니다. 2011년 8월 31일에도 모델 출신의 여성이 대마 0.9그램을 자택에 숨기고 있다가 체포되었습니다.

대마 잎이나 화관을 건조한 것이 규제 대상인 대마인데, '대마 용인론'을 주장하는 이들도 있습니다. 대마 재배와 소지로 체포·기소하는 것은 너무 심하다는 의견입니다. 일본에서 재배되는 대마는 인도의 대마와는 다르게 환각 성분이 들어 있지 않거나 들어 있어도 소량에 불과하다는 것이 그들의 주장입니다. 하지만 만일 일본산의 대마를 흡인해도 환각 성분이 적거나 들어 있지 않아서 환각이 나타나지 않는다면, 일부러 법을 어길 필요 없이 담배를 피우면 될 겁니다. 아니면 법을 어기는 일에 쾌감을 느끼는 것일까요? 반대로 대마에 환각 작용이 있다는 것을 솔직하게 인정한다면, 환각제를 복용하는 사람이 보통 사람들과 함께 생활해도 괜찮다는 것인지 묻고 싶습니다. 그건 좀 곤란하다고 생각하는 것이 일반적일 겁니다.

테트라히드로칸나비놀Tetrahydrocannabinol, THC은 대마의 주된 환각 성분입니다. 향정신 작용을 하는 대부분의 자연 물질은 알칼로이드류인데, THC는 예외적으로 분자 안에 질소가 들어 있지 않습니다. 다시 말해서, THC는 알칼로이드류가 아니면서 향정신 작용을 하는 화합물로 특이한 위치에 있습니다.

대마는 일본 법률상 마약에 포함되지 않기 때문에 '마약 및 향정신약 단속법'의 규제 대상이 아닙니다. 그 대신 대마는 '대마 단속법'에 의해서 규제됩니다. 또, 유효 성분인 THC는 '마약 및 향정신약 단속법'으로 규제됩니다. 원래 대마는 '마약'으로 분류되었지만, 제2차 세계대전 후 대마는 그 섬유와 식품, 의약품이 되는 종자를 얻기 위해서 필요했기 때문에, 마약과 분리하여 1948년에 시행된 '대마 단속법'으로 새롭게 규제한 것입니다.

대마를 별거 아니라고 생각한다면 가까이하지 않으면 됩니다. 일부러 재배한다거나 흡인을 시도하는 것은 대마에 무언가가 있다고 생각하는 증거입니다. 법치 국가에서 법률로 금지하고 있는 한 가까이하지 말아야 합니다. 물론 논쟁은 자유지만 논쟁까지 할 대상은 아니라고 생각합니다. 그래도 굳이 논쟁하고자 하는 것은 역시 무언가가 있어서가 아닐까요?

만일 대마의 어떤 성분이 유용한 약으로서 가치가 있다면 그것은 좋다고 생각합니다. 하지만, 그것이 대마 흡인을 용인하는 것으

Δ^9-테트라히드로칸나비놀의 화학 구조

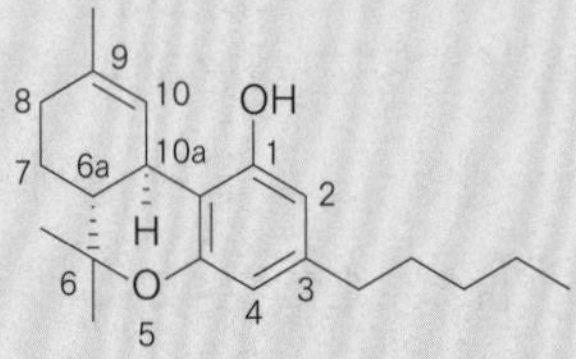

Δ^9-테트라히드로칸나비놀(Δ^9-THC)

로 이어져서는 안 됩니다. 가령 모르핀이 약으로 사용하면 좋다고 해서 그것이 아편 흡인을 용인하는 것으로 이어지지 않는 것과 같습니다.

한편 일본에서는 합법 약이나 탈법 약으로 불리기도 했지만, 2014년 7월부터 공식으로 위험한 약물로 분류된 규제 약물에 대해서는 이미 알고 계실 겁니다. 이 약물들은 미국에서 합법 마약을 만들려고 시작했으며, 이를 위하여 조사한 것이 THC의 수용체에 결합하는 화합물입니다. 그리고 찾아낸 것이 합성 칸나비노이드(칸나비노이드란 THC 유사 활성 물질이란 의미)인 CP-47, 497 및 JWH-018 등이었습니다. 이들을 적당한 식물의 건조품에 스며들게 하여 합법 약(마약) 등으로 부른 것입니다. 이러한 사실도 덧붙여 두겠습니다.

이렇게 합법 약이나 탈법 약으로 불리는 약물이 얼마나 위험한

지 묵과하기 어렵습니다. 2014년 6월 24일에는 이케부쿠로 지역에서 이러한 약을 먹고 차를 운전하여 많은 사상자를 낸 사고가 있었습니다. 정작 자동차를 폭주한 운전자 본인은 입에 거품을 물고 있었는데, 기억하시는 분들도 많을 줄 압니다.

펜시클리딘 및 케타민

펜시클리딘1-(1-phenylcyclohexyl)-piperidine, PCP은 1950년대에 정맥주사 방식의 마취제로 개발되었습니다. 현재는 사람에게 사용되지 않으며 수의학 영역에서 사용됩니다. 하지만 이 화합물의 환각 작용을 악용하여 불법으로 제조하여 시중에서 몰래 유통되고 있습니다. 그리고 현재, 미국에서 가장 문제가 되는 약물 중 하나라고 알려져 있습니다.

PCP의 작용은 여러 가지이지만 난폭해지고 자살 충동이 일어나는 경우가 많으며, 장기간 사용한 사람은 기억을 잃거나 말하고 생각하는 것이 어려워지고 음울해진다고 합니다. 이처럼 부정적인 작용 때문에 한 번 경험한 사람은 다시 사용하고 싶다고 좀처럼 생각하지 않는 약물이기도 합니다.

한편, 케타민ketamine은 1960년대에 PCP를 대신하는 마취제로 개발되었습니다. 하지만 곧 이 화합물에도 환각 작용과 탐닉성이 있다는 것을 알게 되었습니다. 이 약물은 원래 베트남 전쟁에서 부상한 병사들을 치료하기 위해 사용되었지만, 불쾌한 임사 체험 같은 환각 작용이 나타났기 때문에 꺼렸다고 합니다. 하지만 케타민은 현재도 교통사고 등에서 환자의 약력을 알 수 없을 경우, 마취약으로써 우선하여 사용된다고 합니다.

지금까지 설명한 향정신 물질은 자연에서 유래한 화합물 또는 자연에서 유래한 화합물에 인위적으로 손을 댄 화학 구조로 되어 있습니다. 이에 비하여 PCP나 케타민은 완전히 화학적으로 합성된 화합물입니다. 단, PCP는 모르핀의 화학 구조 일부를 참고로 디자인된 화합물이며, 케타민은 PCP의 화학 구조를 토대로 합성된 화합물입니다. 일본에서는 이러한 약물을 '마약 및 향정신약 단속법'으로 규제하고 있습니다.

펜시클리딘과 케타민의 화학 구조

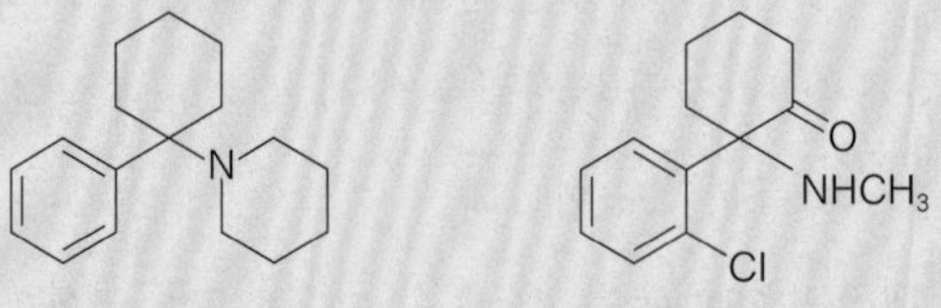

펜시클리딘(PCP) 케타민

MDMA—합성 마약의 대표적인 예

2009년 8월 3일, 배우인 오시오 마나부押尾学가 합성 마약인 MDMA를 복용하여, '마약 및 향정신약 단속법' 위반으로 체포되었습니다. 체포 전날 맨션에는 교제 중이던 여성도 함께 있었는데, 관계를 갖기 전에 MDMA를 복용시켜서 여성을 죽음에 이르게 했을 뿐만 아니라, 여성에게 변고가 생긴 것을 알면서도 구급차를 부르지 않은 의혹이 발각되었습니다. 결국, 오시오 마나부는 합성 마약인 MDMA 사용에 의한 '마약 및 향정신약 단속법' 위반으로 같은 해 가을, 징역 1년 6개월, 집행 유예 5년의 판결을 받아 형이 확정되었습니다. 또한, 2009년 말에는 '보호 책임자 유기치사죄'로 재체포되어 기소되었습니다. 그리고 2010년 9월 17일, 도쿄 지방 재판소는 보호 책임자 유기치사죄가 아닌 보호 책임자 유기죄를 적용하여 징역 6년의 구형에 대해서 징역 2년 6개월의 실형 판결을 내리고 이후 확정했습니다.

한편 메스암페타민 및 암페타민과 같은 각성제 등의 화학 구조 일부를 바꾸어, 규제받는 물질이 아닌 것처럼 만든 화합물이 등장하고 있습니다. 이들은 화학 구조 일부를 바꾸었다(디자인했다)고 하여 '합성 마약designer drug'으로 불립니다.

이렇게 해서 각성제의 메스암페타민이나 암페타민의 화학 구조에 각각 메틸렌디옥시methylenedioxy를 첨가한 3',4'-메틸렌디옥시

메스암페타민methylenedioxymethamphetamine, MDMA, 3',4'-메틸렌디옥시암페타민methylenedioxyamphetamine, MDA이 등장한 것입니다. 게다가 MDMA 분자 중의 메틸기를 에틸기로 바꾼 MDEA도 나타났습니다. 이들 약물은 만들어진 경위로 판단하면 각성제 유사 화합물이라고 할 수 있는 약물인데, 현재는 일반적으로 합성 마약이라고 불리며 '마약 및 향정신약 단속법'의 규제 대상이 됩니다.

이러한 소위 합성 마약 중에서 MDMA는 아담ADAM이라고도 불립니다. 이것은 MDMA의 알파벳 스펠링이 ADAM과 비슷한 데서 유래합니다. 이에 반해서 MDEA는 주로 이브EVE로 불리며, 그리고 MDA는 러브LOVE로 불립니다.

합성 마약은 환각 작용이 그만큼 강하지 않고, 사기가 고양되는 특징이 있습니다. 원래는 애정을 느끼게 하는 약으로(사실인지 아닌지는 별개로) 만들어졌다고 합니다. 그래서 MDMA의 또 다른 이름은 엑스터시를 줄인 'X', 정제로 유통되고 있어서 '알'이라고도 부릅니다.

결국, MDMA 등은 주로 남녀가 관계를 맺을 때 남용되지만, 정작 발기나 오르가슴에는 효과가 없다고 합니다. 약 이름이 아무리 그럴듯해도 약물이 만들어진 경위나 화학 구조상 기본 골격은 각성제이며, 필로폰과 같은 종류라는 것은 분명합니다.

MDMA 등의 약물은 그 작용이 각성제와는 조금 다르며, 법적으로도 '각성제 단속법'이 아닌 '마약 및 향정신약 단속법'의 규제

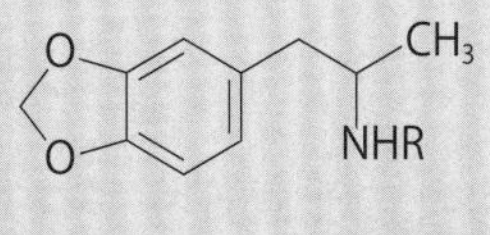

$R = CH_3$	MDMA (Adam, Ecstasy, X)
$R = CH_2CH_3$	MDEA (Eve)
$R = H$	MDA (Love)

MDMA	3',4'-메틸렌디옥시메스암페타민
MDEA	3',4'-메틸렌디옥시에스암페타민
MDA	3',4'-메틸렌디옥시암페타민

대상 약물입니다. 그 때문인지 각성제 관련으로 취급되기보다는 합성 마약으로 별도로 다루어지는 일이 많습니다. 하지만 화학 물질로는 각성제와 같은 종류라는 사실을 이해해야 합니다.

시중에 나도는 MDMA 정제는 겉으로 보기에 의약품인 것 같지만, 유통되는 정식 의약품과는 전혀 다른 성격의 약물이며, 내용물을 보증할 수 없다는 사실도 알아두시기 바랍니다. 그중에는 각성제가 혼입된 것도 있어서, 복합 작용으로 무슨 일이 일어날지 알 수 없는 상태에서 사용하는 것과 같다고 말할 수 있습니다.

특히 MDMA는 화학 합성으로 얻어지는 약물입니다. 때문에, 유통되는 MDMA에는 합성 과정에서 여러 가지 중간물질이나 원료의 불순물이 섞였을 가능성이 있습니다. 즉, 순도의 보증을 전혀 할 수 없습니다. '확실한' MMDA 정제를 복용해도 위험한데, 정체를 알 수 없는 것을 복용하는 행위는 너무나 위험합니다.

다이어트 약 사건

2002년 중국에서 다이어트에 효과가 좋다고 하여 '섬지소교낭' 및 '어지당감비교낭', '차소감비' 등의 가짜 '한방약'이 일본에 들어왔습니다. 그런데 적지 않은 사람들이 이 약을 먹은 뒤 간장 장애가 발생한 겁니다.

단언하지만, 이러한 이름의 한방약은 없습니다. 이 한방약의 성분 분석을 한 결과, 모두 3퍼센트나 되는 고농도의 *N*-니트로소펜플루라민*N*-nitrosofenfluramine이 검출되었습니다(후생노동성 의약국 마약 대책과, 2002년). *N*-니트로소펜플루라민은 자연에서 채취한 동식물 성분일 가능성이 전혀 없는 화합물이며, 화학 합성품이 들어 있습니다. 그뿐만 아니라 화학 구조의 기본 골격은 각성제나 MDMA 등과도 같다는 사실에 주의하시기 바랍니다.

한편, 역시 중국에서 유입된 '천천소', '천천소청지교낭'이라 불리는 '다이어트 약'이 있습니다. 이 약이 원인으로 의심되는 환자 중에서 입원 치료를 받은 사례와 사망 사례가 2005년 5월에 발생하였습니다. 이 '다이어트 약'에서 시부트라민sibutramine과 마진돌mazindol이 검출되었습니다. 시부트라민은 각성제와 같은 기본 골격을 갖는 화합물로써 미국에서는 비만 치료제로 사용되지만, 일본에서는 의약품으로 승인되지 않았습니다. 한편, 마진돌은 일본에서는 '마약 및 향정신약 단속법'의 규제 대상인 화합물입니다.

제2차 세계대전 후 일본을 비롯한 여러 나라에서는 조금 살이 찐 남성이 회사의 중역 이미지와 잘 맞았습니다. 지금도 많은 나라에서 살이 찐 것을 부의 상징으로 생각하기도 합니다. 여성에 대해서도 비슷하게 생각하는 경향이 있었습니다. 하지만 언젠가부터 살이 찐 것을 안 좋게 여기고 건강에도 해롭다고 생각하게 되었습니다. 현재는 살이 찐 사람은 그저 단순히 건강하지 않다고 생각하는 경향마저 있습니다.

오히려 지나친 다이어트가 건강상 문제가 되지는 않을까 싶습니다. 현대의 여성들이 살을 빼고 싶다는 바람이 지나쳐서 다이어트 약으로 불리는 각성제까지 복용하는 일도 있는데, 그야말로 건강을 해치는 큰 문제가 아닐 수 없습니다.

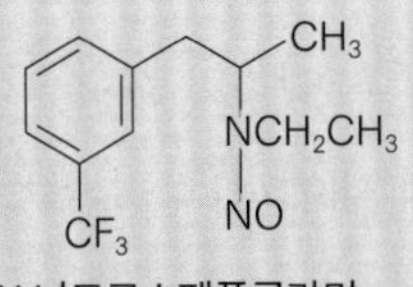

N-니트로소펜플루라민

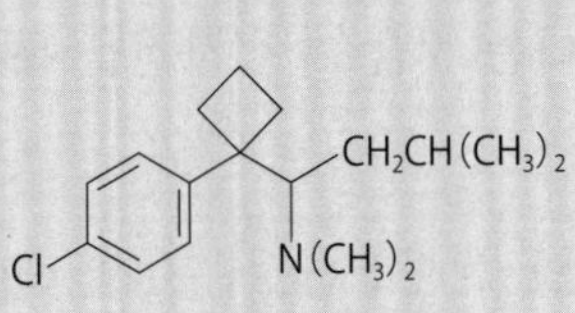

시부트라민

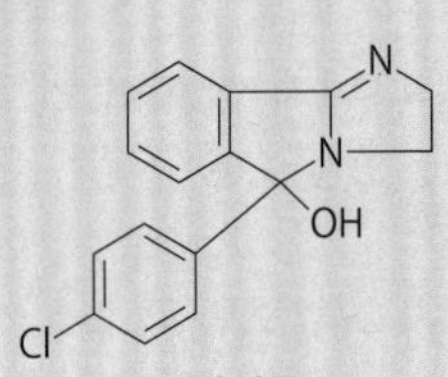

마진돌

메틸페니데이트-우울증 처방에는 금지

향정신약 메틸페니데이트methylphenidate의 부적절한 처방전이 도쿄 신주쿠구에 있는 특정 병원에서 계속 발행됨에 따라서, 도쿄도와 신주쿠 보건소에서 의료법 위반(부적절한 의료 제공)혐의로 현장 검사가 이루어졌습니다. 의사 재량으로 인정되던 의약품 처방권에 대한 개입은 극히 이례적인 일이었습니다(『마이니치 신문』, 2007년 9월 18일).

원래 메틸페니데이트의 적응증(어떤 약제나 수술로 치료 효과가 기대되는 병이나 증상-역주)은 기면증(수면 장애의 일종)이나 난치성·지연성 우울증 일부에 한정됩니다.

그런데 해당 병원의 의사는 많은 환자에게 쉽게 메틸페니데이트를 처방했습니다. 병원 근처의 약국에서 일하던 약사는 메틸페니데이트 처방전을 가지고 방문한 환자들을 보고 이상하다고 느껴서 보건소에 통보하였고 사태가 밝혀지게 되었습니다. 만일 외래 약국이 아닌 병원 자체 내에서 직접 메틸페니데이트를 계속 처방했더라면 어떻게 되었을지 생각만 해도 끔찍합니다. 의약 분업이 분명하게 나눠지지 않으면 안 된다는 것을 이번 사건을 통해서도 잘 알 수 있습니다.

화학 구조를 보면 확실하게 알 수 있는데, 메틸페니데이트는 각성제의 기본 골격을 갖는 물질입니다. 이 약물을 복용하면 환각이

메틸페니데이트의 화학 구조

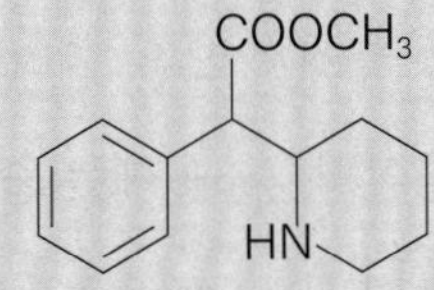

메틸페니데이트

나 망상을 일으킨다고 하며, 정신적 의존성도 높고 내성도 있습니다. 이러한 약물을 별생각 없이 계속 투여했다면 환자가 어떻게 되었을지 쉽게 상상이 갑니다. 메틸페니데이트를 남용하는 사람들끼리는 '합법 각성제' 혹은 '비타민 R' 등으로 부른다고 합니다. 남용자는 진료소에서 메틸페니데이트를 지정하여 처방전을 받거나, 기면증 증상을 호소하여 메틸페니데이트를 처방받는 방법을 사용하는 것 같습니다.

이러한 상황도 고려하여 2007년 10월부터 메틸페니데이트 처방이 가능한 적응증에서 우울증이 제외되었으며 기면증만 허용되었습니다. 한편 메틸페니데이트와 같은 성분의 서방성 제제인 콘서타Concerta가 인가되었으며, 적응증에는 기면증 외 소아기의 주의 결핍·과잉행동 장애ADHD가 포함되었습니다. 서방성 제제란 약 성분이 천천히 녹게 하여 약효를 오래 지속시킨 약을 말합니다.

도핑

스포츠는 원래 게임을 통해서 몸을 단련하거나 건강한 생활을 목표로 합니다. 따라서 영어의 'sport'에는 즐거움이나 오락과 같은 의미도 있습니다. 예를 들어, 'It is great sport to go for a drive'라고 하면 '드라이브하러 가는 것은 너무나 즐겁다'는 의미입니다.

하지만 최첨단의 스포츠 세계는 게임을 즐기기보다 몸을 얼마나 단련해서 기록 한계에 도전하는가, 아니면 함께 몸을 단련한 상대 선수와 겨루는 데에 주력하는 세계가 된 것 같습니다. 이 때문에 선수들은 극한까지 몸을 단련하고 기록과 경쟁에만 몰두합니다. 그래서 빠지게 되는 문제가 바로 도핑입니다.

도핑은 주로 스포츠 경기에서 좋은 기록을 내거나 승리하기 위해 약물을 부정하게 사용하는 것을 말합니다. 도핑의 어원은 아프리카 동남부의 선주민인 카필족이 종교의식 때 사용한 식물 진액 등으로 만든 술인 'DOP'라고 알려져 있습니다. 또 영어로 'dope'는 농후한 점도가 높은 용액 혹은 (경주마에게 주는) 흥분제 등의 의미 외에 멍한 사람, 무기력한 사람이라는 의미까지 있습니다.

도핑에 사용되는 약제로 예전에는 각성제가 사용되었지만, 그 후 각성제의 유사 화합물 같은 흥분제 외에 근육을 늘려서 근력을 키우는 단백 동화 스테로이드anabolic steroid와 체중을 감소시키는 것 등이 있다고 합니다. 한편, 사기를 높이고 경쟁심을 북돋는 코카인, 카페인, 암페타민 등이나 통증과 불안을 줄여주는 모르핀, 메타돈methadone, 펜타조신pentazocine 등의 약물도 도핑에 이용되어 왔습니다. 최근 도핑은 검사를 빠져나가기 위해 유사 효과는 남긴 채 기존 화합물의 화학 구조를 조금 바꾸어서 바로 검출할 수 없도록 한 것도 등장했습니다.

2007년 10월에는 2000년 시드니 올림픽에서 금메달 세 개를 포함하여 메달 다섯 개를 획득한 미국의 매리언 존스Marion Jones(1975~)가 이전부터 근육 강화를 위해 스테로이드제를 사용했던 것을 고백하여, 올림픽에서 획득한 메달을 박탈당하는 사태까지 이르렀습니다.

그 이전에는 육상선수 플로렌스 그리피스 조이너Florence Griffith Joyner(1958~1998)가 단백 동화 스테로이드를 사용했다는 의혹이 제기된 적이 있습니다. 그녀는 38세에 심장 질환으로 급사했는데, 사인에도 도핑의 영향이 의심되고 있습니다. 그녀는 그때까지 눈에 띌 정도의 실력은 아니었는데, 1988년 서울 올림픽에서 갑자기 금메달 세 개를 획득했습니다. 이때 화려한 의상을 입은 이유가 도핑으로 급변한 체형을 감추기 위해서라는 의혹이 일기도 했습니다.

약물의 힘을 빌려서 거짓 성과를 내고 세상에 인정을 받아도 허무할 뿐이라고 생각합니다만……. 주위의 기대가 너무 컸기 때문이었을까요? 아니면 올림픽에서의 활약과 그에 따른 금전적 이익 때문이었을까요? 스포츠에서의 부정행위는 응원하는 많은 사람의 마음에도 상처를 줍니다. 아마도 부정을 저지른 본인들이 가장 잘 알고 있을 겁니다. 그리고 자기 자신마저 결국 불행해집니다.

도핑으로 확실하게 피해를 본 예는 또 있습니다. 요시다 다케시吉田武(1970~)는 『베이징 올림픽도 위험하다!? 도핑 독본北京五輪もヤバイ!?ドーピング毒本』(요다 코사쿠依田弘作, 222쪽)에서 프로레슬러를 꿈꾸었던 자신의 비참한 도핑 체험을 고백했습니다. 그는 근육 강화 작용이 있는 스테로이드제를 복용한 뒤 비정상적인 속도로 상완이두근 및 대흉근의 근육이 증가하는 것을 경험하고 그 매력에 빠집니다. 하지만 호르몬의 균형이 깨지면서 어느 날 머리카락이 빠지기 시작했고, 그 외 여러 증상으로 고통스러웠습니다. 도핑을 멈추고 나서도 몸 안에 폭탄을 안고 사는 느낌이었다고 합니다.

도핑은 왜 하면 안 될까요? 그 이유는 이러한 화합물을 복용하는 일이 정당하지 않을 뿐 아니라 선수의 목숨을 위협하는 위험한 일이기 때문입니다. 그렇다면 만일 몸에 전혀 나쁜 이상을 주지 않는 도핑 약물이 개발된다면 어떻게 될까요? 몸에 해를 끼칠지 아닐지는 그 사람의 일생뿐만 아니라, 그 약물을 사용한 운동선수들의 일생, 그리고 그 자녀들의 생애까지 검증을 계속하지 않으면 뭐라고 말하기 어렵습니다.

그러므로 어떤 도핑 약물이든 절대로 몸에 해를 끼치지 않는다고는 단정할 수 없습니다. 불가능에 가깝습니다. 이 점을 확실하게 이해하기 바랍니다.

한편, 스포츠 선수가 감기약으로 갈근탕을 먹었다는 이유로 도핑 위반이 된 안타까운 사례도 있습니다. 갈근탕은 일본에서는 일반적으로 복용하는 감기약이지만, 갈근탕에 배합된 마황의 성분인 에페드린도 도핑 약품으로 지정되어 있기 때문입니다. 부주의로 이러한 불행한 사태가 일어나지 않도록 본인은 물론 주위 사람들도 주의해야 합니다.

산소가 부족한 고산지대에서 훈련하는 스포츠 선수들이 있습니다. 말하자면 몸에 변화를 줄 목적으로 행해지는 방법입니다. 현재는 물론 위반은 아니지만, 이 일이 몸에 해를 끼칠지는 역시 선수 개인의 생애 전체를 보고 생각해야 합니다.

최근 '스포츠 약학'이라는 분야가 출현했다고 합니다. 이 학문이 결코 '검출되지 않는 도핑 약물의 개발'과 같은 잘못된 목적에 편승하지 않길 바랍니다. 약물은 몸에 어떤 식으로든 변화를 주기 때문입니다. 이 책에서 여러 번 강조했듯이 '약과 독은 근원이 같음'이 기본이기 때문에, 어떤 약물도 쉽게 사용해서는 안 됩니다. 이 점을 분명히 마음에 새겨두시기 바랍니다.

책을 마치며

2011년 3월 11일에 발생한 대지진과 쓰나미(동일본 대재해)는 우리 모두에게 안전에 대해서 다시 생각할 기회를 주었습니다. 우리는 좋든 싫든 항상 위험과 직면하며 살고 있다는 사실을 깊이 깨닫게 해주었습니다.

본인의 이야기를 좀 하자면, 현재의 근무지는 사이타마현이지만 집은 센다이시에 있어서 재해가 일어난 당일에 집에 돌아가는 길이었습니다. 크게 흔들림이 일어난 시각은 오후 2시 46분, 나는 아내를 태우고 JR 센다이역 근처를 운전하고 있었습니다. 지진 직후 얼마간은 휴대폰 사용이 가능했기에 아내는 외출 중이던 딸과 통화하여 안전을 확인했고, 이어서 빈번하게 발생하는 큰 여진을 느끼며 급히 집으로 차를 몰았습니다. 신호는 모두 꺼져 있었지만, 대지진 직후라 그랬는지 공포와 흥분 속에서도 서로 길을 양보해서 이후에 전해 들었던 교통 혼란은 아직 없었습니다. 다행히 도로와 다리도 무사해서 30분 정도 걸려서 집에 도착했습니다.

본인이 사는 지역은 센다이시 다이하쿠구 동부입니다. 쓰나미로 큰 피해를 입은 나토리시 유리아게지구 및 나토리강을 끼고 역시 큰 피해를 입은 센다이시 와카바야시구와 가까우며, 해안에서 약 5킬로미터 정도밖에 떨어지지 않은 곳입니다. 다시 말하면 쓰나미가 집 쪽을 향하던 바로 그 시간에 나는 차를 몰고 집을 향하고 있었습니다. 상황을 몰라서 그랬겠지만 쓰나미를 향해서 운전하고 있었던 셈입니다.

집안은 지진으로 책과 식기 등이 바닥에 어지럽게 흩어져 있었지만, 집 자체는 피해를 보지 않았고 쓰나미 피해로부터도 무사했습니다. 마침 높이 약 6미터의 강고한 센다이 동부 도로라는 해안을 따라 남북을 연결한 4차선의 고속도로와 나토리강의 높은 제방이 방파제 역할을 해주었기 때문입니다. 만일 도로와 제방이 없었다면 틀림없이 집은 쓰나미 피해를 고스란히 입었을 것입니다. 그리고 나도 아내도 어쩔 도리 없이 느닷없이 앞에 나타난 시꺼먼 쓰나미에 운전하던 차 그대로 삼켜졌을지도 모릅니다. 반대로 말하면 센다이 동부 도로로 인해서 나토리시 유리아게 지구 및 센다이시 와카바야시구의 피해가 더 커졌을 수도 있습니다.

마음이 복잡합니다. 건너편에 있었던 도시가 없어져 버린 것을 바라보는 것은 슬프고 고통스럽습니다. 그리고 자연의 맹위 앞에서 명암이 갈리고, 그것이 사소한 우연에 지나지 않는다는 사실을 알게 된 것도 괴롭습니다.

대재해 직후의 2011년 3월 20일에 펴낸 졸저 『마약의 모든 것』의 '들어가며'에서 사람과 마약과의 관계에 대해 데라다 토라히코의 수필 중에서 "사물을 지나치게 무서워하지 않거나 지나치게 무서워하기는 쉽지만, 제대로 무서워하는 것은 참으로 어렵다."라는 말을 인용하였습니다. 본문의 1장에서도 이야기했지만, 독을 대하는 마음도 이와 똑같다고 생각합니다. 독을 단순히 무서워하지도 말고, 또 가볍게 흥미를 갖지도 말고, 주의를 기울이면서도 냉정하게 제대로 무서워해야 할 것입니다.

이 책이 나오기까지 주식회사 PHP 연구소 신서 출판부의 미즈노 히로시水野寛에게 큰 도움을 받았습니다. 이 자리를 빌려서 감사드리고 싶습니다.

2012년 3월 11일, 대지진 재해가 발생한 지 한 해가 지난 날

일본약과대학 연구동 11층 연구실에서

후나야마 신지

이 책은 동일본 대지진 재해가 발생한 다음 해인 2012년에 PHP 사이언스 월드 신서 중 한 권으로 출판되었습니다. 다행히 많은 독자에게 사랑을 받아서 증쇄를 거듭하였고, 이번에 개정과 수정 작업을 거쳐서 문고판으로 출판하게 되었습니다. 더 많은 독자가 쉽게 읽으실 수 있으리라 기대합니다.

문고판을 내면서 신서에서 빠진 사실이나 신서가 발행된 후 발생한 독과 관련된 사건과 사고 등에 관해서 내용을 추가하였으며, 새로운 정보를 수록하였습니다. 이 책에서는 '독'의 문화적 배경을 상세하게 설명하고, 개요를 알기 쉽게 정리하였기 때문에 이 책 한 권으로 '독' 전체를 파악할 수 있을 것으로 자신합니다. 그리고 '독'의 각 방면에 대해서 더욱 자세히 알고 싶은 분은 졸저『독의 과학毒の科学』(나츠메사ナツメ社),『알칼로이드アルカロイド』(공립출판

共立出版), 『마약의 모든 것麻薬のすべて』(고담샤 현대신서講談社現代新書), 『독과 약의 세계사毒と薬の世界史』(츄코신쇼中公新書) 등을 참고하시기 바랍니다.

앞서 신서를 발행한 후에도 지진과 재해, 수해로 많은 사람이 피해를 입었고 자연의 힘에 무기력할 수밖에 없었습니다. 하지만 인류는 위험에 대해서 어느 정도 미리 준비하는 지혜도 배웠다고 생각합니다. 다르게 표현하자면 자연의 위협에 대처하는 방법을 배우는 일이 얼마나 소중한가를 배웠다는 생각도 듭니다.

자연이 주는 두려움을 없앨 수는 없습니다. 그보다 그 위험성을 충분히 아는 일이 필요하다고 생각합니다. 독에 관해서도 마찬가지입니다. 우선 잘 아는 일이 중요합니다. 우리 주변에 있는 독성이 있는 물질을 비롯하여 마약과 대마, 각성제 등도 그 실태를 잘 알면, 각각에 어떻게 대처해야 하는지를 알 수 있게 됩니다. 그런 의미에서 이 책이 도움이 되길 바랍니다.

경찰청에 의하면 동일본 대재해가 발생한 지 8년이 지난 현재도 2,533명의 행방불명자가 있다고 합니다(2019년 3월 7일 현재 사망자 15,897명). 이는 엄연한 사실입니다. 그런데도 제가 사는 센다이시 다이하쿠구 동부와 인접한 지역-대재해로 마을 전체가 파괴되었던 미야기현 나토리시 유리아게 지역은 둑을 높이 쌓는 공사가 한창이고 깨끗하고 아름다운 마을의 모습을 되찾고 있습니다. 또 십 미터가 넘었다고 하는 쓰나미가 덮친 유리아게 항에서 부활한

매주 일요일의 새벽시장에는 모여드는 인파로 활기를 되찾고 있습니다. 이러한 움직임을 보고 있자면 대자연의 위협에 인간은 속수무책이지만, "영차!" 하고 힘을 내는 인간의 활동도 대단하다고 느낍니다. 지금까지 인류는 수많은 위험 속에서 오히려 그 위험과 마주하면서 지금까지 살아남았다고 생각하니 감탄이 절로 나옵니다. 독과 마주하는 일도 그렇지 않을까요?

이 책을 보다 완성도 높게 만드는 데 애써주신 전 (주) PHP 연구소 신서 출판부의 미즈노 히로시水野寛와 현 (주) PHP 연구소 제1사업 제작국 제4제작부 편집장인 니시무라 켄西村健에게도 깊은 감사를 드립니다.

아울러 독의 문화와 과학에 대해서 강연과 집필 등의 기회를 준 일본약과대학, 그리고 이러한 활동을 항상 따뜻하게 응원해주는 가족에게도 감사하다는 말을 전하고 싶습니다.

2019년 한여름에

일본약과대학 교수실에서

후나야마 신지

참고문헌

E. F. Anderson, Peyote: The Divine Cactus, The University of Arizona Press, Tucson (USA, 1980).

M. J. Balick, P. A. Cox, Plants, People, and Culture, W. H. Freeman & Company (USA, 1996).

J. Bruneton, Toxic Plants, Lavoisier Publishing Inc., Paris (France, 1999).

K. Wada et al., Chem. Pharm. Bull., 36, 1779 (1988)

G. A. Cordell, Introduction to Alkaloids, John Wiley & Sons, Inc., (USA, 1981).

S. Funayama, G. A. Cordell, Alkaloids. Academic Press (2015).

M. Hesse, Alkaloids: Nature's Curse or Blessing?, Wiley-VCH (2002).

M. Kitajima et al., Proceedings of the Japan Academy, 74B (7), 159 (1998).

J. L. Phillips, R. D. Wynne, Cocaine, Avon Books (USA, 1980).

Z. Řeháček, S. Sajdl, Ergot Alkaloids: Chemistry, Biological Effects,

Biotechnology, Academia (Czechoslovak, 1990).
R. E. Schultes, A. Hofmann, Plants of the Gods, McGraw-Hill Book Company (USA, 1979).

愛新覚羅浩,『流転の王妃の昭和史』, 新潮文庫 (1992).
青井石子,『長井長義書簡抄』, 私家版 (1929).
朝比奈晴世,『麻薬』, 南江堂 (1960).
朝比奈泰彦編,『正倉院藥物』, 植物文獻刊行會, 大阪 (1955).
アイザック・アシモフ（玉虫文一, 竹内敬人訳）,『化学の歴史』, 河出書房 (1977).
天野宏,『薬の雑学事典』, 講談社文庫 (2009).
有村朋美,『プリズン・ガール』, ポプラ社 (2005).
有本香,『なぜ, 中国は「毒食」を作り続けるのか』, 祥伝社新書 (2009).
有吉佐和子,『華岡青洲の妻』, 新潮社 (1970).
安藤更生,『鑑真和上』, 吉川弘文館 (1967).
飯沼和正, 菅野富夫,『高峰譲吉の生涯　アドレナリン発見の真実』, 朝日選書 (2000).
筏義人,『環境ホルモン』, 講談社ブルーバックス (1998).
生田哲,『脳と心をあやつる物質』, 講談社ブルーバックス (1999).
生田哲,『脳に効く快楽のクスリ』, 講談社プラスアルファ文庫 (2000).
石川元助,『毒矢の文化』, 紀伊國屋書店 (1963).
石川元助,『毒薬』, 毎日新聞社 (1965).
石川元助,『ガマの油からLSD まで』, 第三書館 (1990).
石郷岡純, 薬物依存の病態と治療,「ファルマシア」, 34巻, 905頁 (1998).
石坂哲夫,『くすりの歴史』, 日本評論社 (1979).
石田名香雄, 日沼賴夫,『病原微生物学』, 金原出版 (1969).

石田行雄, 『不老不死と薬　薬を求めた人間の歴史』, 築地書館 (1992).
石橋長英, 小川鼎三, 木村康一監修, 『薬と人間』, スズケン (1982).
石山禎一, 『シーボルト』, 里文出版 (2000).
一戸良行, 『麻薬の科学』, 研成社 (1982).
一戸良行, 『毒草の歳事記』, 研成社 (1988).
一戸良行, 『毒草の雑学』, 研成社 (1980).
一戸良行, 『古代がみえてくる本　毒からの発想』, 研成社 (1993).
一戸良行, 『世紀を超えて広がる「毒」』, 研成社 (2001).
井上堯子, 『乱用薬物の化学』, 東京化学同人 (2003).
井上尚英, 『生物兵器と化学兵器』, 中公新書 (2003).
井上尚英, 『図解雑学 生物・化学兵器』, ナツメ社 (2008).
井上靖, 『天平の甍』, 中央公論社 (1957).
今泉忠明, 『猛毒動物の百科 (改訂版) 』, データハウス (1999).
「飲食物・嗜好品と医薬品の相互作用」研究班編, 『飲食物・嗜好品と医薬品の相互作用』, じほう (1998).
上野正彦, 『毒殺』, 角川書店 (1999).
上野正彦, 『死体は生きている』, 角川書店 (1990).
上野正彦, 『死体は告発する　毒物殺人検証』, 角川文庫 (2001).
上野正彦, 『男と女の悲しい死体』, 青春出版社 (2003).
植松黎, 『毒草の誘惑』, 講談社 (1997).
植松黎, 『毒草を食べてみた』, 文藝春秋 (2000).
宇賀田為吉, 『タバコの歴史』, 岩波書店 (1973).
梅谷献二, 安富和男, 『毒虫の話』, 北隆館 (1969).
梅原寛重, 『薬草と毒草』, 博品社 (1998).
浦山隆雄, 「ファルマシア」, 44巻, 1183頁 (2008).
江口圭一, 『日中アヘン戦争』, 岩波書店 (1988).

John Emsley（渡辺正・久村典子訳），『毒性元素　謎の死を追う』, 丸善 (2008).
大木幸介, 『毒物雑学事典』, 講談社 (1984).
大木幸介, 『麻薬・脳・文明』, 光文社カッパ・サイエンス (1990).
大熊規矩男, 『タバコ　この不思議なたのしみ』, 現代教養文庫, 社会思想社 (1961).
大熊規矩男, 『日本のタバコ』, 現代教養文庫, 社会思想社 (1963).
大場秀章編著, 『植物分類表』, アボック社 (2009).
大原健士郎編, 「現代のエスプリ No.75, 麻薬」, 至文堂 (1973).
岡崎寛蔵, 『くすりの歴史』, 講談社 (1976).
緒方章, 『一粒の麦』, 廣川書店 (1960).
岡部進, 『くすりの発明・発見史』, 南山堂 (2007).
小川賢一, 篠永哲, 野口玉雄監修, 『危険・有毒生物』, 学習研究社 (2003).
小野好恵編集, 「カイエ 特集・麻薬　人工楽園の神話」, 冬樹社 (1979).
貝谷久宣, 『脳内不安物質』, 講談社 (1997).
レイチェル・カーソン（青樹簗一訳），『沈黙の春』, 新潮社 (1987).
ラリー・カーツェンスタイン（山下篤子訳），『バイアグラ』, 三田出版会 (1998).
門崎允昭, 『アイヌの矢毒　トリカブト』, 北海道出版企画センター (2002).
金尾清造, 『長井長義傳』, 日本薬学会 (1960).
金井貴一, 『毒殺　小説・帝銀事件』, 廣済堂出版 (1999).
唐木英明（著・監），『暮らしのなかの死に至る毒物・毒虫60』, 講談社 (2000).
刈米達夫, 小林義雄, 『有毒植物・有毒キノコ』, 廣川書店 (1979).
川合述史, 『一寸の虫にも十分の毒』, 講談社 (1997).
清原重巨, 『草木性譜・有毒草木図説』, 八坂書房 (1989) ：オリジナルは, それぞれ3 巻, 2 巻本として1827 年発行.
ド・クインシー（野島秀勝訳）,『阿片常用者の告白』, 岩波文庫 (2007).
楠木誠一郎,『恐怖の毒薬犯罪99の事件簿』, 二見書房 (1998).
宮内庁正倉院事務所監修,『正倉院』,（財）菊葉文化協会 (1993).
宮内庁正倉院事務所編（柴田承二監修）,『図説 正倉院薬物』, 中央公論新社 (2000).
久万楽也,『麻薬物語』, 井上書房 (1960).
暮らしに潜む危険を考える会,『図解中毒マニュアル PART2』, 同文書院 (1995).
アガサ・クリスティー（高橋恭美子訳）,『蒼ざめた馬』, ハヤカワ文庫 (2004).
栗田子郎,『ヒガンバナの博物誌』, 研成社 (1998).
ティリーザ・グリーナウェイ（遠藤秀紀, 武田正倫, 山崎柄根訳）,『毒をもつ動物』, 丸善 (1998).
L. グリンスプーン, J. B. バカラー（杵渕幸子・妙木浩之訳）,『サイケデリック・ドラッグ　向精神物質の科学と文化』, 工作舎 (2000).
軍司貞則,『麻薬脱出』, 小学館 (2001).
厚生省医薬安全局毒物劇物研究会編,『改訂新版毒物劇物取扱の手引』, 時事通信社 (1998).
厚労省医薬局麻薬対策課,『個人輸入した未承認医薬品等の服用後に発生した健康被害事例について』, 2002年 7 月12日.
ジャン・コクトー（堀口大学訳),『阿片』, 角川書店 (1996).
後藤直良,『作家と薬』, 薬事日報新書 (2000).
リチャード・ゴードン（倉俣トーマス旭, 小林武夫訳）,『歴史は病気でつくられる』, 時空出版 (1997).
小林司,『心にはたらく薬たち』, 人文書院 (1993).
小林照幸,『毒蛇』, TBS ブリタニカ (1992).

小林照幸,『続毒蛇』, TBS ブリタニカ (1993).
小林照幸,『海洋危険生物』, 文春新書 (2002).
小宮豊隆編,『寺田寅彦随筆集第五巻』, 岩波文庫 (1948).
小森榮,『薬物から家族を守る』, 三一書房 (1998).
小森榮,『ドラッグ社会への挑戦』, 丸善 (1999).
小山昇平,『日本の毒キノコ150種』, ほおずき書籍 (1992).
K. ゴルトアンマー (柴田健策, 榎木真吉訳),『パラケルスス』, みすず書房 (1986).
齋藤勝裕,『毒の事件簿』, 技術評論社 (2012).
齋藤實正,『オリザニンの発見　鈴木梅太郎伝』, 共立出版 (1977).
佐竹元吉編著,『毒と薬の科学』, 日刊工業新聞社 (2015).
佐藤健太郎,『化学物質はなぜ嫌われるのか』, 技術評論社 (2008).
佐藤哲男,『毒性生化学』, 廣川書店 (1993).
佐藤哲彦, 清野栄一, 吉永嘉明,『麻薬とは何か　「禁断の果実」五千年史』, 新潮選書 (2009).
佐藤有樹,『薬物依存症』, KK ベストセラーズ (2000).
佐野眞一,『阿片王　満州の夜と霧』, 新潮社 (2005).
澤田康文,『しのびよる身近な毒』, 羊土社 (1998).
塩見一雄, 長島裕二,『海洋動物の毒』, 成山堂書店 (1997).
志賀潔,『志賀潔　或る細菌学者の回想』, 日本図書センター (1997).
死に至る薬と毒の怖さを考える会編,『図解中毒マニュアル　麻薬からサリン, ニコチンまで』, 同文書院 (1995).
柴田鉄治,『科学事件』, 岩波新書 (2000).
澁澤龍彦,『毒薬の手帖』, 河出書房新社 (1984).
ジーボルト (斎藤信訳),『江戸参府紀行』, 平凡社東洋文庫 (1967).
清水藤太郎,『日本藥學史』, 南山堂 (1949).

シュルテス, ホフマン, レッチュ（鈴木立子訳）,『図説快楽植物大全』, 東洋書林 (2007).
白川静,『常用字解』, 平凡社 (2003).
杉山二郎, 山崎幹夫,『毒の文化史』, 学生社 (1990).
鈴木譲仁,『「猛毒大国」中国を行く』, 新潮新書 (2008).
鈴木勉監修, 田中真知著,『毒学教室』, 学研教育出版 (2011).
鈴木勉監修,『毒と薬』, 新星出版社 (2015).
鈴木陽子,『麻薬取締官』, 集英社新書 (2000).
関崎正夫,『化学よもやま話』, 東京化学同人 (2000).
高田明和,『脳内麻薬の真実』, ＰＨＰ研究所 (1996).
高橋大輔,『間宮林蔵・探検家一代　海峡発見と北方民族』, 中公新書ラクレ (2008).
高山一彦,『ジャンヌ・ダルク』, 岩波新書 (2005).
武田英子,『地図から消された島』, ドメス出版 (1987).
武まゆみ,『完全自白　愛の地獄』, 講談社 (2002).
立木鷹志,『毒薬の博物誌』, 青弓社 (1996).
辰野高司編,『対談でつづる昭和の薬学の歩み』, 薬業時報社 (1994).
辰野高司,『カビがつくる毒』, 東京化学同人 (1998).
辰野高司,『日本の薬学』, 薬事日報社 (2001).
田所作太郎,『毒と薬と人生』, 上毛新聞社 (1998a).
田所作太郎,『麻薬と覚せい剤』, 星和書店 (1998b).
譚璐美,『阿片の中国史』, 新潮新書 (2005).
地下鉄サリン事件被害者の会,『それでも生きていく　地下鉄サリン事件被害者手記集』, サンマーク出版 (1998).
陳舜臣,『実録アヘン戦争』, 中央公論社 (1971).
A.T. Tu,『身のまわりの毒』, 東京化学同人 (1988).

A.T. Tu, 『続身のまわりの毒』, 東京化学同人 (1993).
A.T. Tu, 井上尚英監修, 『中毒学概論』, 薬業時報社 (1999).
A.T. Tu, 『事件からみた毒　トリカブトからサリンまで』, 化学同人 (2001).
A.T. Tu, 『生物兵器, テロとその対処法』, じほう (2002).
柘植久慶, 『麻薬戦争地図』, 中公文庫 (1996).
常石敬一, 『消えた細菌戦部隊　関東軍第七三一部隊』, 筑摩書房 (1993).
常石敬一, 『医学者たちの組織犯罪　関東軍第七三一部隊』, 朝日文庫 (1999).
常石敬一, 『20 世紀の化学物質　人間が造り出した"毒物"』, 日本放送出版協会 (1999).
常石敬一, 『化学物質は警告する　「悪魔の水」から環境ホルモンまで』, 洋泉社新書ｙ (2000).
常石敬一, 『化学兵器犯罪』, 講談社現代新書 (2003).
富永裕久, 『図解雑学 元素』, ナツメ社 (2005).
ピエール・ドニケル (松岡芳隆, 松岡慶子訳), 『向精神薬の話』, 白水社 (1968).
外山ひとみ, 『ニッポンの刑務所』, 講談社現代新書 (2010).
内藤裕史, 『中毒百科　事例・病態・治療』, 南江堂 (2001).
中井将善, 『知っておきたい毒草100 種の見分け方』, 金園社 (1988).
長沢栄史, 『日本の毒きのこ』, 学習研究社 (2003).
中澤泰男, 『薬毒物と生体との相互作用』, 南山堂 (1992).
長野智子, 『麻薬の運び屋にされて』, 扶桑社 (2003).
中原雄二, 『薬物乱用の本　覚せい剤からシンナー・大麻まで』, 研成社 (1983).
中村梧郎, 『母は枯葉剤を浴びた　ダイオキシンの傷あと』, 新潮文庫

(1983).
中村希明,『薬物依存』, 講談社ブルーバックス (1993).
中山純,『悪い薬』, データハウス (1990).
長吉秀夫,『大麻入門』, 幻冬舎新書 (2009).
七三一研究会編,『細菌戦部隊』, 晩聲社 (1996).
鍋島俊隆,『脳と心に効く薬を創る』, 岩波科学ライブラリー (2004).
難波恒雄, 御影雅幸,『毒のある植物』, 保育社カラーブックス (1983).
西岡一,『遺伝毒物』, 講談社ブルーバックス (1976).
西村佑子,『魔女の薬草箱』, 山と溪谷社 (2006).
日本化学会編,『生物毒の世界』, 大日本図書 (1992).
日本公定書協会編,『日本薬局方初版 (複製版)』, 廣川書店 (1965).
日本薬局方解説書編集委員会編,『第十七改正日本薬局方解説書』, 廣川書店 (2016).
野口玉雄,『フグはなぜ毒をもつのか』, 日本放送出版協会 (1996).
博学こだわり倶楽部編,『毒 (プワゾン) の謎』, 青春出版社 (1992).
D. バチヴァロワ, G. ネデルチェフ (山崎紀美子, 川並辰男訳),『毒のはなし』, 東京図書 (1988).
春山行夫,『クスリ奇談』, 平凡社 (1989).
ウィリアム・バロウズ, アレン・ギンズバーグ (山形浩生訳),『麻薬書簡』(再現版), 河出文庫 (2007).
ハロルド・バーン (高木敬次郎, 粕谷豊訳),『くすりと人間』, 岩波書店 (1965).
エリス・ピーターズ (岡本浜江訳),『修道士の頭巾』, 社会思想社 (1991).
ビートたけし,『たけしの最新科学教室』, 新潮文庫 (2010).
日野恵司,『薬学よもやまばなし』, 同文書院 (1975).
D.C.A. ヒルマン (森夏樹訳),『麻薬の文化史』, 青土社 (2009).
廣田鋼蔵,『明治の化学者』, 東京化学同人 (1988).

マーティン・ブース（田中昌太郎訳），『阿片』, 中央公論社 (1998).
ローラ・フォアマン（岡村圭訳），『悲劇の女王クレオパトラ』, 原書房 (2000).
福岡大学学生部編, 『酒・ドラッグそしてエイズ』, 三共出版 (1998).
福田実, 『私は薬に殺される』, 幻冬舎 (2003).
船山信次, 『アルカロイド　毒と薬の宝庫』, 共立出版 (1998).
船山信次, 『図解雑学 毒の科学』, ナツメ社 (2003).
船山信次, 『有機化学入門』, 共立出版 (2004).
船山信次, 『毒と薬の科学　毒から見た薬・薬から見た毒』, 朝倉書店 (2007).
船山信次, 『毒と薬の世界史　ソクラテス, 錬金術, ドーピング』, 中公新書 (2008).
船山信次, 『アミノ酸　タンパク質と生命活動の化学』, 東京電機大学出版局 (2009).
船山信次, 『〈麻薬〉のすべて』, 講談社現代新書 (2011).
船山信次, 『毒の科学』, ナツメ社 (2013).
船山信次, 『毒があるのになぜ食べられるのか』, PHP 新書 (2015).
船山信次, 『毒！　生と死を惑乱』, さくら舎 (2016).
船山信次, 『毒草・薬草事典』, ソフトバンククリエイティブ (2012).
船山信次, 『毒と薬の文化史』, 慶應義塾大学出版会 (2017).
プラトン（久保勉訳），『ソクラテスの弁明・クリトン』, 岩波文庫 (1927).
プラトン（池田美恵訳），「パイドン」『世界の名著　プラトンⅠ』, 中央公論社 (1966).
B. フリーマントル（新庄哲夫訳），『FIX　世界麻薬コネクション』, 新潮社 (1985).
プルターク（高橋五郎訳），『プルターク英雄伝 第一巻』, 国民文庫刊行会 (1914).
レジーヌ・ベルヌー（塚本哲也監修, 遠藤ゆかり訳），『奇跡の少女ジャンヌ・ダルク』, 創元社 (2002).
ジム・ホグシャー (岩本正恵訳), 『アヘン』, 青弓社 (1995).
細谷英吉, 大村裕編, 『麻薬と人間』, 時事通信社 (1974).
本田武司, 『食中毒の科学』, 裳華房 (2000).
麻枝光一, 『マリファナ青春旅行 (上)　アジア・中近東編』, 幻冬舎アウトロー文庫 (1997).
麻枝光一, 『マリファナ青春旅行 (下)　南北アメリカ編』, 幻冬舎アウトロー文庫 (1997).
グウィン・マクファーレン (北村二朗訳), 『奇跡の薬　ペニシリンとフレミング神話』, 平凡社 (1990).
松井晃他, 死に至る薬と毒の怖さを考える会編, 『図解中毒マニュアル』, 同文書院 (1995).
松平直子, 『世界史・華麗なる毒殺者たち』, 日本文芸社 (1995).
松本清張, 『小説　帝銀事件 (新装版)』, 角川文庫 (2009).
松本清張, 『眩人』, 中央公論社 (1983).
真中史雄, 『ドラッグ・内面への旅』, 第三書館 (1989).
ジャン・ド・マレッシ (橋本到, 片桐祐訳), 『毒の歴史』, 新評論 (1996).
ジョン・マン (山崎幹夫訳), 『殺人・呪術・医薬　毒とくすりの文化史』, 東京化学同人 (1995).
ジュール・ミシュレ (森井真, 田代葆訳), 『ジャンヌ・ダルク』, 中公文庫 (1987).
水谷修, 『ドラッグ世代』, 太陽企画出版 (1998).
水谷民雄, 『毒の化学Q&A』, ミネルヴァ書房 (1999).
三宅久雄, 「正倉院に見る鑑真和上の足跡」, 国宝鑑真和上展カタログ, 166~168頁 (2004).
宮崎大他, 「日本救急医学会雑誌」, 21巻, 956頁 (2010).

宮里勝政,『薬物依存』, 岩波新書 (1999).
宮田新平,『毒ガス開発の父ハーバー』, 朝日新聞社 (2007).
宮田秀明,『ダイオキシン』, 岩波新書 (1999).
村松剛,『ジャンヌ・ダルク』, 中公新書 (1967).
森村誠一,『悪魔の飽食』, 光文社カッパノベルス (1981).
森村誠一,『続悪魔の飽食』, 光文社カッパノベルス (1982).
森村誠一,『新版 悪魔の飽食』, 角川文庫 (1983).
森村誠一,『新版 続・悪魔の飽食』, 角川文庫 (1983).
アンドレ・モロワ (新庄嘉章, 平岡篤頼訳),『フレミングの生涯』, 新潮社 (1959).
安江政一,「長井長義をめぐって」, 化学史研究, 22巻、1~8頁 (1983).
大久野島から平和と環境を考える会編, 山内正之監修,「おおくのしま平和学習ガイドブック」, 大久野島から平和と環境を考える会 (2012).
山川浩司,『国際薬学史　東と西の医薬文明史』, 南江堂 (2000).
山崎昶,『ミステリーの毒を科学する』, 講談社ブルーバックス (1992).
山崎幹夫, 中嶋暉躬, 伏谷伸宏,『天然の毒　毒草・毒虫・毒魚』, 講談社サイエンティフィク (1985).
山崎幹夫,『毒の話』, 中公新書 (1985).
山崎幹夫,『人, 毒に会う』, 光文社カッパサイエンス (1987).
山崎幹夫,『毒薬の誕生』, 角川選書 (1995).
山崎幹夫,『歴史を変えた毒』, 角川書店 (2000).
山下愛子,「長井長義についての一考察」, 科学史研究76 巻, 156~163頁 (1965).
山下愛子,「長井長義についての一考察 (補遺)」, 科学史研究79巻, 149~150頁 (1966).
山本郁男,『大麻の文化と科学　この乱用薬物を考える』, 廣川書店

(2001).
由井りょう子,『黄色い虫　船山馨と妻・春子の生涯』, 小学館 (2010).
吉岡安之,『有毒・有害物質がわかる事典』, 日本実業出版社 (1996).
由水常雄,『正倉院の謎』, 徳間書店 (1977).
依田弘作編,『北京五輪もヤバイ!?　ドーピング毒本』洋泉社MOOK (2008).
読売新聞科学部,『環境ホルモン・何がどこまでわかったか』, 講談社現代新書 (1998).
K. Lindqvist, S. Sundling (森川定雄監訳),『局所麻酔薬の発展とともに』, 日本短波放送 (1996).
E. リンドナー (羽賀正信, 赤木満洲雄訳),『食品の毒性学』, 講談社 サイエンティフィク (1978).
A. ワイル, W. ローセン (ハミルトン・遙子訳),『チョコレートからヘロインまで』, 第三書館 (1986).
和田英松校訂,『水鏡』, 岩波文庫 (1930).
和田宏,『図解　猛毒植物マニュアル』, 同文書院 (1998).
渡辺雄二,『脳をむしばむ環境ホルモン』, 双葉社 (1999).

독의 발견
동서고금을 통틀어 가장 흥미로운 독 이야기

초판 1쇄 인쇄 | 2022년 9월 1일
초판 1쇄 발행 | 2022년 9월 5일

지은이 | 후나야마 신지
옮긴이 | 공영태·나성은
펴낸이 | 조승식
펴낸곳 | 도서출판 북스힐
등록 | 1998년 7월 28일 제 22-457호
주소 | 01043 서울시 강북구 한천로 153길 17
전화 | 02 - 994 - 0071
팩스 | 02 - 994 - 0073
홈페이지 | www.bookshill.com
이메일 | bookshill@bookshill.com

ISBN 979-11-5971-441-2
값 18,000원
* 잘못된 책은 구입하신 서점에서 바꿔드립니다.